Friedrich Brasack

Das Luftspektrum

Eine prismatische Untersuchung des zwischen Platina-Elektroden überschlagenden

elektrischen Funkens

Friedrich Brasack

Das Luftspektrum
Eine prismatische Untersuchung des zwischen Platina-Elektroden überschlagenden elektrischen Funkens

ISBN/EAN: 9783741130472

Hergestellt in Europa, USA, Kanada, Australien, Japan

Cover: Foto ©ninafisch / pixelio.de

Manufactured and distributed by brebook publishing software (www.brebook.com)

Friedrich Brasack

Das Luftspektrum

Das Luftspectrum.

Eine prismatische Untersuchung

der

zwischen Platina-Electroden

überschlagenden electrischen Funkens

von

Dr. *Friedrich Brasack.*

Mit einer colorirten Tafel.

Aus den Abhandlungen der Naturforschenden Gesellschaft zu Halle Bd. X. besonders abgedruckt.

Halle,
Druck und Verlag von H. W. Schmidt.
1866.

In einer früheren Abhandlung [1] habe ich die Ansicht ausgesprochen, daß das Spectrum des zwischen Platina-Electroden überschlagenden electrischen Funkens nicht dem Platina, sondern der atmosphärischen Luft angehöre und meinte damals die Richtigkeit derselben hinlänglich begründet zu haben, obwohl ich davon überzeugt war, daß auch das Platina ein eigenes Spectrum zeigen würde, wenn man nur den Strom hinlänglich verstärke. [2] Meine verheißenen, eingehenderen Untersuchungen über das Luftspectrum, deren Resultate ich mir im Folgenden kurz niederzulegen erlaube, haben meine Ansichten über das in Rede stehende Spectrum wesentlich modificirt. Berichtige ich daher zunächst meine früheren Irrthümer.

Die Thatsache, daß die Platinakugeln, zwischen denen ich den Funken anhaltend übergehen ließ, nachgerade ihre Politur verloren, machte es mir zunächst wahrscheinlich, daß gegen meine frühere Angabe selbst bei dem angewandten schwachen Strome eine merkliche, wenn auch nach Verlauf mehrerer Stunden durch das Gewicht noch nicht nachweisbare Verflüchtigung des Platina's stattfinde, und diese Vermuthung wurde wesentlich durch etliche Geißler'sche Röhren unterstützt, welche Herr Professor Knoblauch mir zu zeigen die Güte hatte. Die Glaswände dieser Röhren waren an den Polenden so dicht mit metallischem Platin beschlagen, daß kein Zweifel über eine Verflüchtigung des Platina's bleiben konnte; und diese Beschläge waren mit dem nämlichen Rhumkorff'schen Inductionsapparate erzeugt, dessen ich mich bediente, sie waren unter Benutzung zweier Bunsen'schen Elemente entstanden, gerade wie ich sie anwandte. Der Verlauf meiner Untersuchungen hat mich nun gelehrt, daß allerdings unter den obwaltenden Umständen das Platina ein Spectrum giebt, und daß auch bereits in meiner früher gegebenen Abbildung des Luftspectrums in der That schon einige Platinalinien mit eingezeichnet sind, die, obwohl sie an und für sich nur schwach sind, doch zu den hellsten des Platinaspectrums gehören. [3]

[1] Diese Abhandlungen IX. 3.
[2] Ebenda p. 10.
[3] Die der citirten Abhandlung beigegebene Tafel hat leider! bei weitem nicht den Erwartungen entsprochen. Der drei Mal fehlgeschlagene Schwarzdruck machte eine viermalige Anfertigung der betref-

1*

Von den Metallen, deren Spectra ich früher untersuchte, gestattete gerade das Platina nur die allergeringste Entfernung der Electroden, und damit Hand in Hand ging eine grosse Lichtschwäche des Spectrums. Diese musste aufgehoben werden, sollte die Sicherheit der folgenden Bestimmungen sich nicht nur auf die Hauptlinien des Spectrums beschränken. Hierzu boten sich zwei Wege: entweder nämlich den Strom verstärken, oder die Platinakugeln (Electroden) durch Spitzen zu ersetzen, damit das Uebergehen der Funken an zwei Punkten localisirt wurde, und somit die Lichtquelle dem Spalte des Spectralapparates mehr genähert werden konnte, ohne dass die Schwankungen der Linien zwischen den einzelnen Theilstrichen der Scala zu gross wurden. Da eine beliebige Verstärkung der Batterie nie ohne Gefahr für den Inductionsapparat vorgenommen werden kann, so wählte ich den zweiten Weg, feilte zwei etwa einen Millimeter dicke Platinadrähte möglichst spitz und setzte sie als Electroden in das betreffende Funkenmicrometer. Eine zufällige Berührung der beiden Spitzen mit einem Glasstabe zeigte mir, dass ein solcher ungehaltener Nichtleiter den Uebergang des Funkens auf weit grössere Distancen ermögliche, als ohne denselben das Ueberspringen vor sich geht. Ich traf daher für die Folge die Einrichtung, dass mittelst eines Retortenhalters ein Glasstab mit den Spitzen in Contact gebracht wurde. Der Glasstab selbst hat auf das Spectrum nicht den geringsten Einfluss aus, und es kann derselbe auch durch ein Stückchen Holz, Papier, überhaupt durch schlechte Leiter ersetzt werden. Die Vorkehrung gestattet, dass man die Electroden recht gut ein Millimeter weit von einander entfernen kann, ohne das Ueberspringen des Funkens, der in gerader Linie von einer Spitze zur andern geht, aufzuheben.

Das röthlich weisse Licht dieses Funkens zeigt im Spectroscop ein intensives, linienreiches Spectrum, in welchem sich verschiedene Theile, die ich früher nur undeutlich und verschwommen wahrnehmen konnte, zu mehreren Linien auflösten, welche nach beiden Seiten hin scharf gegen den dunkleren Hintergrund begrenzt sind. Der Einfluss des Platinas ist unverkennbar. Zwölf der beobachteten Linien, die ohne Ausnahme zu den weniger breiten des Spectrums gehören, kommen dem Platina zu; zwe

fernten Platte nothwendig. So mag sich der Druck vom Januar bis zum August hinaus, worauf derselbe erst während meiner zehnwöchentlichen Abwesenheit ausgeführt wurde. Der vollkommen mögliche Buchdruck giebt die Farben nicht so wieder, wie sie das Original darstellt; denn abgesehen davon, dass die einzelnen Farben nicht in einander verlaufen, haben sie auch nicht die richtige Abdehnung und Begrenzung (besonders das Gelb) und sind dabei auf den einzelnen Tafeln so ungleichmässig aufgetragen, dass ein den verschiedenen Spectris mitunter ganz und gar ihren eigenthümlichen Character nehmen. Was speciell das erste Spectrum betrifft, so ist es im blauen und violetten Theil entschieden zu hell ausgefallen und an dem darüber stehenden Buchstaben sind die im Text erwähnten Indices weggelassen.

— 5 —

an der Grenze vom Roth und Orange anf Theilstrich 90,5 nnd 91,5. Erstere gehört an den hellsten Linien des Platina-Spectrums, die zweite dagegen zu den schwächsten, die deshalb anch nnr nnter günstigen Umständen beobachtet wird. Drei Linien auf 95, 96, 97 kommen anf das Orange, sie gehören ebenfalls zu den schwächeren Linien und stimmen wie die früheren binsichtlich ihrer Breite mit der auf Theilstrich 80,5 [Taf. I] fallenden Sauerstofflinie überein. Zwischen die beiden Hauptlinien des Luftspectrums γ, und δ, fallen 5 Platinalinien auf Theilstrich 106. 109. 112,5. 115,3. und 122,5. Linie auf 106 fällt mit der rechten Seite einer dem Stickstoff angehörigen Doppellinie des Luftspectrums genau zusammen, ist aber heller als diese, so dass sie sich beim abwechselnden Aufblitzen und Verschwinden sehr bestimmt von der coïncidirenden Luftlinie unterscheidet. Linie auf 112,5 ist die hellste und breiteste des Platinaspectrum's und kaum unter Umständen gerade so hell und anch annähernd so breit als die Stickstofflinie auf Theilstrich 117,5 erscheinen. Die Linien anf Theilstrich 109 und 122,5 stehen sich hinsichtlich ihrer Intensität sehr nahe und sind etwas schwächer als die Stickstofflinie anf Theilstrich 123. Letztere bildet mit der benachbarten Platinalinie eine Doppellinie, die sich nur bei geringerer Spaltenbreite vollkommen auflöst. Endlich liegen zwei Platinalinien im blauen Theile anf Theilstrich 150,5 nnd 153. Sie erscheinen für gewöhnlich nur ganz schwach nnd darum wie verwaschen; unter besonders günstigen Umständen treten sie aber scharf begrenzt anf. — Ist der Funken einige Zeit zwischen den Platinspitzen übergangen, so ist der Glasstab zum Theil mit einem schwarzen Spiegel von metallischem Platina überzogen, theils aber bedeckt anch gelbes Platinoxyd die nächste Umgebung der Spitzen. Diese Verflüchtigung und Verbrennung des Platin's findet besonders im Anfange statt, wenn die Electroden noch möglichst spitz sind, sie nimmt aber mit der Zeit ab und hört, nachdem die Spitzen abgerundet sind, vollständig anf. Im Spectrum bekundet sich diese Abnahme der Verflüchtigung durch ein Erblassen der Platinalinien, nnd endet mit einem vollständigen Verschwinden derselben, so dass schliesslich nnr das reine Luftspectrum stehen bleibt. Ich habe wiederholt Gelegenheit gehabt, diese Erscheinung zu beobachten und habe den Umstand anch bei der Anfertigung des auf Taf. 1. dargestellten Luftspectrums benutzt. Ist der Moment eingetreten, wo die Platinalinien verschwunden sind, so gelingt es indessen, die Linien durch Verstärkung des Stromes zu regeneriren, und schon der Unterschied der Stromstärke, der sich bei der Anwendung von mehrfach gebrauchten oder frischen Säuren heraustellt, ist oft hinreichend, um die schon verschwundenen Linien noch einmal zu erzeugen. Es geht somit aus diesen Versuchen hervor, dass die Flüchtigkeit des Platina's (und wahrscheinlich auch die anderer Metalle) nicht nur von der Stromstärke, sondern auch von der Gestalt der angewandten Electroden abhängig ist. Auch Plücker bestätigt diese Thatsache, indem er angiebt, dass in den Geissler'schen Röhren eine geringere Verflüchtigung der Platinaelectroden stattfinde, wenn man die feinen Drähte durch stärkere ersetzt.

In meiner früheren Abhandlung habe ich nachgewiesen, dass die Intensität der allen Metallspectris gemeinschaftlichen Linien der atmosphärischen Luft wesentlich verschieden ist, dass dieselbe bei gleichem Feuchtigkeitsgehalte der Luft von der Flüchtigkeit der verschiedenen Metalle beeinflusst wird. In ganz ähnlicher Weise bedingen auch verschiedene Gase ein verschieden intensives Erscheinen der Platinalinien und wahrscheinlich auch der Linien anderer Metalle. Ich wage nicht zu behaupten, dass ich einen Intensitätsunterschied der Platinalinien beobachtet habe, als ich den Funken abwechselnd in einer Atmosphäre von gewöhnlicher Luft, Kohlensäure, Sauerstoff oder Stickstoff überschlagen liess, wiewohl theoretisch ein solcher Unterschied immerhin existiren mag; ganz sicher ist aber ein solcher Intensitätsunterschied der Platinalinien zu beobachten, wenn man eines jener Gase durch reines Wasserstoffgas ersetzt. Bei der Lichtschwäche und Linienfreiheit des Wasserstoffspectrums in denjenigen Theilen, wo die Platinalinien liegen, müsste man erwarten, dass letztere recht brillant erscheinen würden, in Wirklichkeit sind sie jedoch nur schwach vorhanden, und die weniger intensiven Linien des Metalls sind ganz und gar verschwunden. Betrachtet man die Glaswände, an denen der Funken während gleicher Zeiten seinen Weg von einer Electrode zur andern nahm, so findet man, dass die Glaswand, die von Wasserstoff umgeben wurde, am wenigsten mit Platina beschlagen ist, während in einer Stickstoffatmosphäre die Verflüchtigung so stark ist, dass das an den Glaswänden lagernde Platin bald sehr hemmend auf den Durchgang des Lichtes wirkt. Ein Analogon des Wasserstoffs bildet der Wasserdampf von 100°C, in welchem der electrische Funken ebenfalls eine geringere Verflüchtigung des Platina's bewirkt als in Sauerstoff, Stickstoff, Kohlensäure und atmosphärischer Luft. Wasserstoff und Wasserdampf sind aber beides im Vergleich zum Stickstoff und Sauerstoff gute Leiter der Electricität, und es scheint somit, als übe der Leitungswiderstand, den eine Gasart dem electrischen Funken in den Weg setzt, einen Einfluss auf die Verflüchtigung der Electroden-Metalle aus. Ganz dasselbe scheint sich auch durch einen andern Versuch zu bestätigen. Als ich zwischen zwei Platinakugeln den electrischen Funken bei gewöhnlichem Barometerstande übergehen liess, sah ich neben den Linien der atmosphärischen Luft gleichzeitig die stärksten Linien des Platina's auftreten, als aber dieselben Kugeln von einer verdünnten Atmosphäre umgeben wurden, verschwanden unter sonst gleichen Umständen jene Linien, obwohl die Linien des weit leichter flüchtigen Zinks, welche sich mitunter zeigten, [*]) nach wie vor an denselben Stellen aufblitzen. In einer Atmosphäre reinen Sauerstoffs habe ich niemals ein besonders lebhaftes Erscheinen der Platinalinien beobachten können, wie man von vorn herein erwarten sollte.

Das Luftspectrum.

Das reine Spectrum der atmosphärischen Luft, wie ich es gemeiniglich sah, ist auf Taf. I. dargestellt. Es dehnt sich von der Frauenhofer'schen Linie C. bis gegen die Linie H. hin aus und ist, wie die Figur es zeigt, in diesem Raume von 32 Linien durchfurcht. Die rothe Grenze ist vollkommen scharf und gebildet durch einen schön rothen Streifen, der mit der Frauenhofer'schen Linie C. selbst zusammenfällt. Jenseits der Linie C. ist es mir nie möglich gewesen, noch Linien [*]) wahrzunehmen, höchstens zeigte sich das Roth etwa in der Breite der äussersten Linie selbst noch auf der weniger brechbaren Seite fortgesetzt. Auf der entgegengesetzten Seite verläuft das Spectrum ganz allmählig, die in dem äussersten Blau und Violett erscheinenden Linien werden jedoch immer matter und matter, je näher sie der Linie H. liegen. [*]) In der beigegebenen Zeichnung [*]) habe ich indessen noch eine Anzahl von Linien weggelassen, die alle, wenn das Spectrum sehr intensiv ist, erscheinen, oder in den einzelnen Gasspectris wenigstens mehr zur Geltung kommen. An der betreffenden Stelle werde ich dieser Linien noch gedenken. Das eigentlich Charakteristische des Spectrums liegt in dem Raume von Theilstrich 79 und 145, der sehr passend in 3 Abtheilungen gegliedert werden kann, nämlich von 79 bis 100, 100 bis 125,3 und 125,3 bis 145,3.

Die intensivsten Linien des ganzen Spectrums bilden die Grenzen jener Abtheilungen. Der Raum zwischen den Theilstrichen 79 und 100 umfasst 6 Linien, die merkwürdiger Weise auffallend symmetrisch zu einander gestellt sind, eine Symmetrie,

[*]) An den Stellen, wo die Platinakugeln an Messingdrähten befestigt waren, fand ab und zu ein Ueberspringen von Funken statt.

[*]) Van der Willigen beobachtete noch jenseits C. eine matt rothe Linie. Poggend. Annal. CVI. 169.

[*]) Wie Stockes neuerdings gezeigt hat, besitzt das Luftspectrum selbst in den unsichtbaren Partien jenseits H. noch viele Linien. Pogg. Annal. CXXIII. 30.

[*]) Die Zeichnung des Spectrums habe ich nach vorausgegangener vierteljährlicher Beobachtung entworfen und in etwa 10 Tagen ausgeführt. Herr Professor Knoblauch hatte die Güte, mich bei der Correctur durch vergleichende Beobachtungen zu unterstützen. Es sei ferner an dieser Stelle bemerkt, dass die Linien, welche von denselben Elemente herrühren, mit je einer der Länge des Spectrums parallel laufenden Linie verbunden sind.

— 8 —

die noch durch die correspondirenden Helligkeitsgrade der einzelnen Linien wesentlich unterstützt wird . Die Linien a_1 und γ_1 bilden die stark leuchten den Grenzlinien, in deren unmittelbarer Nähe, etwa in dem Abstande eines Theilstrichs, zwei mattere Linien liegen; auf den Theilstrichen 87 und 92,7, also in einem Abstande von sieben bis acht Theilstrichen von den Linien a_1 und γ_1 liegen zwei Linien, die wieder zu den intensiveren Luftlinien gehören. Die orangefarbene Linie auf Theilstrich 92,7, unmittelbar an der weniger brechbaren Seite von Fraunhofer D [1], löst sich bei hinlänglicher Verengerung des Spaltes in eine dreifache Linie auf, deren mittlerer Theil an Intensität bedeutend, weniger an Breite, die beiden äussern übertrifft. Es bedarf jedoch zur Beobachtung dieser Erscheinung einer grossen Aufmerksamkeit, und es ist mir stets nur gelungen, sie in einem finstern Zimmer, und selbst dann erst, wenn sich die Augen an den Anblick des Spectrums gewöhnt hatten, wahrzunehmen. [2] Die gelbgrüne Linie auf Theilstrich 100. γ_1 ist entschieden die hellste des ganzen Spectrums; sie ist eine Doppellinie, deren beide Theile durch eine leicht erkennbare feine schwarze Linie von einander geschieden werden, und von denen der weniger brechbare den andern bei weitem an Breite übertrifft. [3] Etwa von gleicher Intensität, aber wegen des weniger hervorstehenden Farbentons (blaugrün) nicht so auffallend als γ_1 ist die Linie δ_1 auf Theilstrich 125,3. [4]

Zwischen γ_1 und δ_1 erscheinen immer fünf Linien, von denen aber allein die Linie auf 117,5 sich noch durch eine grössere Lichtstärke auszeichnet. Linie auf 106 ist eine Doppellinie, die wegen der geringen Intensität indessen gerade nicht allzu leicht zu beobachten ist, und die Luftlinie auf 123 ist so gelegen, dass sie, wie bereits erwähnt, mit einer auf der weniger brechbaren Seite benachbarten und etwas matter erscheinenden Platinalinie eine Doppellinie bilden kann. Von den übrigen Linien ist nur etwa noch die Gruppe von Theilstrich 141 bis 147,6 als charakteristisch

[1] Die gelbe Natriumlinie, entsprechend der Linie D, welche fast immer in dem Luftspectrum beobachtet wird, würde, sollte sie in das Spectrum eingezeichnet werden, als eine Linie von derselben Breite als die ihr unmittelbar benachbarte (dreifache) dargestellt werden müssen, so dass sie mit dieser eine Doppellinie bildet gerade wie die Linie auf 106, nur im vergrösserten Maassstabe. Das Intervall zwischen beiden Linien erscheint tief schwarz. Interessant ist ferner der Farbenunterschied der beiden benachbarten Linien, der unmöglich durch die Zeichnung würde wiedergegeben werden können.

[2] Von der Willigen erkannte die Linie nur als Doppellinie, andere Beobachter geben sie als einfach aus.

[3] Auch Angström und van d. Willigen erkannten diese Linie als Doppellinie. Pogg. Annal. XCIV. 141. und CVI. 619.

[4] Angström giebt irrthümlicher Weise diese Linie in seiner Zeichnung als eine Doppellinie, deren weniger brechbarer Theil ganz schwach und fein im Vergleich zu dem andern erscheint. Pogg. Annal. XCIV. Taf. IV. Fig. 1.

— 9 —

hervorzuheben. Das ganze Feld, in welchem die dazugehörigen Linien liegen, hebt sich von dem zu beiden Seiten dunkleren Hintergrund bedeutend hervor. Man beobachtet in dem Felde mit Leichtigkeit 4 Linien, nämlich auf Theilstrich 141, 144,5, 145,5 und 147,5. Die beiden mittleren erschienen mir früher stets nur als eine Doppellinie. Meine fortgesetzten Untersuchungen haben mir aber klar gemacht, dass die Linien als zwei gesonderte aufzufassen sind.[1] Die weniger brechbare erscheint aber ihrerseits als Doppellinie, deren beide Seiten sich durch einen geringen Intensitätsunterschied und eine feine, mühsam zu beobachtende, schwarze Linie von einander unterscheiden lassen. Die drei Linien zusammengenommen sind früher mit ε, bezeichnet worden. Sie zeigen die Eigenthümlichkeit, dass ihre Intensitäten von der weniger brechbaren nach der andern Seite hin zunehmen.

Mit der Intensität der Linien scheint auch die Breite derselben zu wachsen, wie man dies besonders an den ohnehin stark und hell auftretenden Linien sehr schön beobachten kann. Möglicher Weise ist aber diese Verbreitung eben nur eine Täuschung, die sich durch die Annahme einer Irradiation erklären liesse. Dabei bleibt das Helligkeitsverhältniss der Linien keineswegs constant, sondern es wächst die Intensität der an und für sich schwächeren Linien bedeutend schneller als die der hellen, doch so, wie schon Dunsen bemerkt hat, dass die Helligkeit der ersteren nie die der letzteren übersteigt. Eine Ausnahme von dieser Regel macht nur die Linie α₁, was indessen, wie sich später zeigen wird, mit einer Aenderung des atmosphärischen Feuchtigkeitsgehaltes zusammenhängt. Je heller aber die Linien, um so dunkler die dazwischen liegenden Räume. Dabei bleibt die gegenseitige Lage der Linien unverändert dieselbe, vorausgesetzt nämlich, dass das Prisma keine Drehung erleidet, und selbst bei den einzelnen Gasen habe ich keine Verrückung der Linien wahrnehmen können, wie sie van der Willigen an zwei Sauerstofflinien beobachtet haben will.

Schlägt der elektrische Funken nicht zwischen Platina- sondern Graphitspitzen über, so zeigen sich im Spectrum ausschliesslich nur die Luftlinien, wenn man die gelbe Natriumlinie aus dem Spiele lässt, die ja ohnehin ein häufiger Begleiter der Luftlinien zu sein pflegt. Der Graphit, den ich in stengeliger Form anwandte, setzt indessen dem Strome einen zu bedeutenden Leitungswiderstand in den Weg, als dass

---

[1] Es dürfte ganz passend sein, als Doppellinien nur solche anzusehen, deren beide Theile durch ein und dasselbe Element bedingt sind, wie es bei der Linie γ₁ etc. der Fall ist, während die Doppellinien, welche durch Auseinanderlagerung einfacher Linien verschiedener Elemente entstehen, nicht als solche gelten sollten.

2

die Intensität des Funkens nicht darunter leiden sollte, und daher erscheinen die weniger hellen Luftlinien nicht in dem Spectrum. Der angehaltene Glasstab zeigt sich auch bei den Graphitspitzen, die ohnehin bei weitem leichter abbrennen als die Platinaspitzen, weniger wirksam, und diese Umstände veranlassten mich, diese sonst ganz zuverlässige Methode der Darstellung des Luftspectrums nicht zu wählen.

Vergleiche ich meine eigenen Beobachtungen mit denen anderer Forscher, so zeigt sich zwischen den Linien von Theilstrich 79 bis 125,3 eine befriedigende Uebereinstimmung, je weiter sich aber die Linien von δ, nach der brechbareren Seite entfernen, um so ungenauer und unzulänglicher wird dieselbe. Die ersten genaueren Untersuchungen, welche über das Luftspectrum bekannt geworden sind, rühren von Masson her.[1] Für die Linien α, und δ, giebt Masson 57° 20′ (α,) und 59° 43′ (δ,) als Minima der Ablenkung an, es entsprechen also 2° 23′ 46,3 Theilstrichen meiner Scala, also ein Theilstrich = 3′,09. Nachfolgende Tabelle I. giebt in Columne III. an, auf welche Theilstriche Masson's Linien des Kohlenlichtes in dem von mir angewandten Apparate gesehen werden müssten, während die vierte Columne meine eigenen Beobachtungen enthält. Masson giebt an, dass er das Spectrum auch noch jenseits der Linie δ, von einer Menge feiner Streifen durchfurcht gesehen hätte, auf deren genauere Bestimmung er indessen wegen der grossen Lichtschwäche und Feinheit derselben habe verzichten müssen.

Tab. I.

Luftlinien nach Masson.	Ablenkg.		III.	IV.
Linie im Roth (α,)	57°	20′	79	79
Desgleichen im Orange (β,) . .	57	40	85,5	87
Linie an d. Grenze des Gelb . .	58	3	92,9	92,7
Fein grüngelbe Linie	58	9	94,9	94
Grüngelbe Linie (γ,)	58	26	100,3	100
Gruppe von 3 Linien	58	42	105,5	106
Apfelgrüne Linie	59	20	115,8	117,5
Desgleichen (δ,)	59	43	125,3	125,3
Blaues nebliges Band, ...	60	50	147	147,5. [?]
feinstreifig				
Annähernde Grenze des Violett .	64	20	215	?

Es geht also aus dieser Berechnung hervor, dass in der That unter den Linien nach der Angabe Masson's und der meinigen eine ziemliche Uebereinstimmung vorhanden ist, wenn man von den beiden letzten Angaben absieht, die ja überhaupt nur approximativ sein sollen. Die vierte als fein grüngelb bezeichnete Linie kann nur die Natriumlinie sein, die bei Masson gerade recht brillant hervorgetreten sein mag, da

---

[1] Annal. de chim. et de phys. Ser. III. tom. 31. p. 302.

er die angeführten Linien im Spectrum des zwischen Kohlenspitzen überschlagenden electrischen Funkens beobachtete.

Weit genauer ausgeführt sind die Untersuchungen Angström's,[1] der in meiner Abbildung des Luftspectrums[2] 25 Linien verzeichnet, die ich leider nicht genau mit den meinigen vergleichen kann, da Angström die gegenseitigen Abstände der einzelnen Linien in keinerlei Weise angiebt und eine Messung nach der Tafel unzuverlässig ist, weil die mir zu Gebote stehenden Tafeln des kurzen Luftspectrums ein oder zwei Mal gebrochen sind; ausserdem kann ein Verziehen des Papiers stattgefunden haben, Umstände, die alle zu einer Ungenauigkeit der Messung Veranlassung geben können, wie dies in der That aus den grossen Abweichungen hervorzugehen scheint, die ich bei einer versuchsweise angestellten Prüfung erhielt.

Um so ausführlicher sind die Angaben von der Willigen's,[3] die in der Tab. II. mit gleichzeitiger Bemerkung, wo die Linien auf meiner Scala würden liegen müssen, wiedergegeben ist.

Tab. II.

I.	Ablenkg.	III.	IV.	V.		I.	Ablenkg.	III.	IV.	V.
1	49° 30'	1	77,6	?		22	51° 46	1	142,4	?
2	33	3	79	79		23	52	3	144,3	144,5
3	37	2	80,9	80,5		24	53	3	144,7	
4	51	2	87,45	87		25	55	3	145,7	145,5
5	50	1,5	4	92,4	92,7		26	58	2	147	147,5
		5,0		94	94		27	52 7,5	1	151,6	Pt.
6		1,6	3	99,2	99		28	10,5	1	153,0	Pt [154,5]
7		18,5	5	100,3	100		29	22	2	158,4	158
8		28,4	2	105	104,5		30	25	1	159,7	159
9		30	1	105,8		100	31	28	2	162,1	160 3
10		31,5	1	106,4			32	33	1	163,5	163,5
11		33,5	1	107,4	107		33	37	2	165,4	165
12		43,5	2	112,1	Pt.		34	41,5	1	167,5	167
13		56	3	117,9	117,6		35	64	1	173,3	170,6
14	51	6,5	3	123	123		36	57,5	2	174,9	174,8
15		11	5	125	125,8		37	53 9	1	180	179,3
16		17	1	127,8	128		38	26	1	188	188,3
17		26,5	1	132,3	132		39	32	1	191	192,5
18		32	2	134,9	?		40	40	1	195	?
19		33	2	135,3	135		41	51	1	200	?
20		35	2	136,2	136						
21		44	2	140,5	141						

[1] Pogg. Annal. XCIV. Taf. 4. Fig. 1.
[2] Pogg. Annal. CVI. 619.

Die erste Columne giebt die Nummern der einzeln von van der Willigen beobachteten Linien an, die zweite die Ablenkung, die dritte den von ihm bestimmten
Intensitätsgrad. In der 4. und 5. Columne endlich sind die Theilstriche meiner Scala
angegeben, auf welchen die einzelnen Linien liegen, und zwar ist die erste Zahlen-
reihe aus van der Willigen's Ablenkungen hergeleitet, während die letzte das directe
Resultat meiner Beobachtung ist. Der Transformation ist der Abstand der Frauenhofer'schen Linien C und G zu Grunde gelegt, für welche v. d. Willigen die Ablenkungen von 49° 34',2 und 52° 43',6 angiebt; es entsprechen somit 89 Theilstriche
meiner Scala einem Winkelraume von 3° 0',4 bei van der Willigen, d. h. 1 Theilstr.
= 2',13. Ein Vergleich der Angaben van der Willigen's mit den meinigen zeigt eine
ganz befriedigende Uebereinstimmung, die in einzelnen Fällen sogar zu einer absoluten wird. Die Doppellinien auf Theilstrich 106 und 144,3 sind von jenem Physiker als zwei gesonderte Linien aufgefasst. Fünf Linien finden sich unter jenen Angaben, die sich unter den meinigen nicht wiederfinden, nämlich auf den Theilstrichen 77,6, 134,0, 142,4, 195 und 200. Die erste dieser Linien liegt in dem rothen
Raume jenseits der rothen Linie α_i, in welchem ich, wie schon erwähnt, nie eine Linie gesehen habe, und von denen auch Masson und Angström in ihren bekannten
Abhandlungen nichts erwähnen. Die folgende auf Theilstrich 134,0 ist nur um 0,4
Theilstrich von der benachbarten Linie auf 135,3 entfernt, eine Differenz, die zu der
Annahme berechtigen könnte, dass van der Willigen die Linie, welche nach meiner
Beobachtung auf Theilstrich 135 fällt, als Doppellinie erkannt hat. Die Linie 142,4
habe ich bei grösserer Intensität ebenfalls beobachtet, und Gleiches gilt von den Linien 195 und 200. Ausserdem führt van der Willigen noch Linien auf den Theilstrichen 112,1, 151,6 und 153,0 an, die meinen Beobachtungen gemäss dem Platina
angehören. Der Linienreichthum des Spectrums hängt, wie gesagt, wesentlich von
der Intensität desselben ab, und so sah ich unter besonders günstigen Umständen
noch Linien auf den Theilstrichen 85, 89, 129, 130, 142, 143, 185, 195 und 200,
die der Beobachtung in den allermeisten Fällen entgingen, und wenn jene schwächeren Linien erschienen, dann löste sich auch der Raum zu beiden Seiten der Linie
auf 147,6 in eine beträchtliche Zahl feiner und nicht näher bestimmbarer Linien auf.

Nach diesen allgemeinen Betrachtungen über die Eigenschaften der Linien eine
Beantwortung der Frage nach ihrem Ursprunge. Da Sauerstoff, Stickstoff, Wasserdampf und etwas Kohlensäure die normalen Bestandtheile der atmosphärischen Luft
ausmachen, so wird sich die spectralanalytische Untersuchung auf diese 4 Substanzen
ausdehnen müssen, deren Spectra das der atmosphärischen Luft zusammensetzen.

Zweckmässigkeitsrücksichten mögen mir eine Abweichung von der durch die quantitativen Verhältnisse der Luftbestandtheile geforderten Reihenfolge der Betrachtung gestatten.

Wasserdampf (und Wasserstoff).

Die rothe Linie entsprechend Fraunhofer C gehört erfahrungsgemäss dem Wasserstoff an, und somit stand zu erwarten, dass eine Feuchtigkeitsänderung der atmosphärischen Luft einen Intensitätswechsel dieser Linie bedingen würde. Fixirt man das Auge auf diese Linie, so findet man in der That diese Vermuthung in auffallender ja merkwürdiger Weise bestätigt, denn in ungleichen Intervallen von einer oder mehreren Sekunden blitzt die rothe Linie heller auf, während alle übrigen Linien ihre Intensität nicht wechseln.[1] Andererseits darf man aber auch erwarten, dass man durch Trocknen der Luft dahin gelangen wird, den Wassergehalt derselben zu entfernen und somit die Linie α, zum Verschwinden zu bringen.

Ich leitete daher gewöhnliche Luft aus einem Gasometer durch eine vorgelegte Schwefelsäureflasche, liess sie sodann über eine 40 Zoll lange Chlorcalciumschicht streichen und führte das so getrocknete Gas durch einen kleinen Apparat, in welchem zwei Platinadrähte als Pole des Rhumkorff'schen Inductionsapparates endeten; das Spectrum des Funkens zeigte aber bei den häufig angestellten Versuchen stets noch die rothe Linie entsprechend C. Versuche, die mit frisch geschmolzenem Chlorcalcium angestellt wurden, blieben ebenso erfolglos, trotzdem ich vor jedem Versuche noch einmal mit einem weichen Tuche die innern Wände des Apparates sorgfältig abwischte und den trocknen Gasstrom zwei bis drei Stunden lang hindurchstreichen liess, um durch die trockne Luft die letzten Spuren von Wasserdampf von den Wänden wegzunehmen. Die günstigsten Resultate, zu denen ich auf diese Weise gelangte, bestanden in einer Intensitätsschwächung der in Rede stehenden Linie. Ich stellte daher noch folgenden einfachen Versuch an, von dem ich mir bessere Erfolge versprach. Ein kurzes, aber weites Reagenzgläschen wurde mit einem vollkommen fehlerfreien Kork versehen, durch welchen zwei Platinadrähte gesteckt wurden, deren

---

[1] An den Platinalinien glaube ich öfter ein gleichzeitiges Aufblitzen mit jener Wasserstofflinie beobachtet zu haben. Herr Professor Knoblauch, den ich um eine Wiederholung des Versuchs bat, fand meine Beobachtung richtig.

—— 14 ——

Biegungen es gestatteten, dass die einander zugekehrten Spitzen ungefähr im Abstande von einem Millimeter sich gegenüberstanden und gleichzeitig die innere Glaswandung berührten. Der Kork wurde vor jedem Versuche erst im Luftbade bei 100° C. zwei Stunden lang getrocknet, das sorgfältig ausgetrocknete Gläschen erwärmt, sodann schnell ein Stückchen frisch geschmolzenen Chlorcalciums hineingelegt und der warme Kork mit den dicht durchgeführten Platinadrähten darauf gesetzt. Trotz dieser Vorsichtsmaassregeln, welche bei den mehrfach angestellten Versuchen noch mannigfac habgeändert wurden, ergab sich stets nur ein negatives Resultat, die rothe Linie a, verschwand nämlich nie vollkommen, obwohl ich sie einige Male nach einbis sechzehnstündigem Stehen des kleinen Apparates nur noch äusserst mühsam beobachten konnte. Es lehren aber diese Experimente hinlänglich klar, wie schwer es ist, ein absolut trocknes Gas darzustellen, und wollte man diese Consequenz leugnen, so müsste man Spuren von Wasserstoff in der Atmosphäre annehmen, die meines Wissens noch nicht auf chemischem Wege darin gefunden sind; endlich aber sind sie ein schöner Beweis für die Empfindlichkeit spectralanalytischer Reactionen, auf welche schon von den ersten Spectralanalytikern hingewiesen wurde. Diese Schwierigkeiten veranlassten mich Abstand zu nehmen, wasserfreie Gase herzustellen und concentrirten meine Thätigkeit demnächst auf eine genaue Untersuchung des Wasserdampfspectrums.

Befeuchtet man bei der auf Seite 4 angegebenen Methode zur Darstellung des normalen Luftspectrums die Platinaspitzen mit einem wenig Wasser, so ändert der überschlagende Funken plötzlich sein Aussehen, das Licht geht aus dem röthlich Weissen entschieden ins Rothe über und dieser schon an und für sich in die Augen springende äussere Unterschied macht sich noch weit bemerklicher im Spectrum. Die rothe Linie a, wird momentan die hellste des ganzen Spectrums, und gewinnt an Breite. Auch die Linie auf 132 wird heller und breiter, unterscheidet sich aber von der ersteren durch die verschwommenen Begrenzungen. Während sich nun diese beiden Linien so wesentlich in ihrem äussern Ansehen characterisiren, treten alle andern zurück, und ein grosser Theil der schwächeren verschwindet auf einige Augenblicke. Befeuchtet man die Drähte zu stark, so dass das Wasser von einem zum andern überläuft, so findet beim anfänglichen Wirken des Stromes kein Ueberschlagen der Funken statt, sondern dann erst, wenn die Masse des Wassers am Glase herabgelaufen und durch den Strom die letzte Wasserhaut an der Glaswand zwischen den Platinaspitzen zerstört ist, tritt die Funkenerscheinung und zwar unter bedeutendem Knistern wieder ein. Dieser Moment ist zur Beobachtung am geeignetsten, da der

Intensitätswechsel ziemlich schleunig von Statten geht. Weit bessere Erfolge erzielt man, wenn man den Platinaspitzen eine mit einer feinen Spitze versehene Glasröhre gegenüberstellt, aus welcher ein heftiger Strom reinen Wasserdampfes von 100° C. herausströmt. Bei hinlänglicher Geschwindigkeit des Dampfes und ausreichender Nähe der Glasröhre verschwinden selbst die Linien auf Theilstrich 100 und 125,3, eine Erscheinung, bei deren Eintreten entschieden sämmtliche atmosphärische Luft in dem Funkenraum durch reinen Wasserdampf ersetzt sein muss. Dabei genügt ein Luftzug, um den Wasserdampf theilweise zu verdrängen, so dass für einige Momente einmal wieder alle Linien vorhanden sind, ein Wechsel, den man durch unbedeutende Verrückungen des Dampfrohres eben so leicht hervorrufen kann. Aber gerade dieser Wechsel erleichtert bei dem unmittelbaren Aufeinanderfolgen der Spectra die Vergleichung und gewährt also eine grosse Sicherheit. Abgesehen von den Linien des Platinas, die ich zum Theil im Wasserdampfspectrum beobachtete, fand ich constant sieben Linien auf folgenden Theilstrichen: 79, 132, 141, 144,5, 154,5, 160 und 165. Die Linien auf 132 und 165 sind beide sehr characteristisch, indem sie eben nicht wie alle anderen beiderseitig scharf abschneidende Streifen darstellen, sondern breite Felder bilden, deren Intensität von der Mitte aus nach beiden Seiten hin abnimmt. Ihre Intensität und Breite gewinnt wesentlich bei der Verstärkung des Stromes, besonders die der ersteren, welche schon unter den normalen Verhältnissen bei der Erzeugung des Wasserdampfspectrums, sich über acht Theilstriche der Scala ausdehnt. Die andere theilt diese Eigenschaften vollständig, nur im geringeren Maasse, da die Intensität der Linie an sich schon geringer ist. Die übrigen Linien finden sich ebenfalls sämmtlich im Luftspectrum vor, und zwar erscheinen sie in demselben noch heller als im Spectrum des Wasserdampfes, wenn anders diese Beobachtung nicht nur eine durch den Contrast mit jenen Linien hervorgerufene Täuschung ist. Auch habe ich einige Male bei Abwesenheit der Linien auf 100 und 125,3 eine schwache Linie auf 87 wahrgenommen.

Um endlich von der atmosphärischen Luft ganz unabhängig zu sein, construirte ich den folgenden kleinen Apparat, den ich auch bei der Untersuchung der einzelnen Gasspectra späterhin immer anwandte. Eine etwa 3 Zoll lange und ³/₄ Zoll weite Glasröhre aus reinem, weissen und dünnen Glase wurde an beiden Seiten über der Gasflamme aufgedreht und verkorkt. Die in ihren Achsen durchbohrten Korke wurden mit dünnen Glasröhren versehen, die mehrere Zolle aus den Korken herausragten. Neben den Glasröhren ging je ein Platinadraht durch die beiden Korke, die wiederum so gebogen wurden, dass sie die Glaswände berührten und etwa ein Millimeter Abstand zwischen beiden Spitzen vorhanden war. Die nach aussen ragenden Enden wurden mit dem Inductionsapparate in Verbindung gesetzt. Die eine Glasröhre des kleinen Apparates wurde noch mit einem durchbohrten Kork versehen und das Ganze auf ein kleines zur Hälfte mit Wasser gefülltes Kölbchen gesetzt. Diese Vorrichtung wurde sodann in geeigneter Höhe mittelst eines Retortenhalters in der Weise vor den Spalt des Spectralapparates gestellt, dass die Glaswand, an welcher die Platinadrähte anlagen, von dem Spalte abgewendet lagen, und das Wasser ins Kochen versetzt. Ehe es dahin gelangte, beobachtete ich bereits das Spectrum, das zu Anfange des Versuchs das reine Luftspectrum war, bald aber verschwanden viele der schwächeren Linien und endlich auch die Linien auf 100 und 125,3, so dass das Spectrum ganz das vorhin beschriebene Ansehen wieder annahm. Der oben aus dem Apparate entweichende Wasserdampf wurde durch einen Gummischlauch in kaltes Wasser geleitet. Der Versuch, welcher sehr gut gelingt, erleidet, wenn die Korke sehr stark mit Wasser getränkt sind, eine kleine Unterbrechung, indem der Strom schon durch die Wasserdampfsäule geschlossen wird; man kann aber den Funken sogleich wieder herstellen, wenn man die Platinaspitzen einander etwas nähert.

Nachdem ich das Spectrum des Wasserdampfes kennen gelernt hatte, hielt es nun nicht schwer zu untersuchen, ob das Spectrum der Verbindung des Wasserstoffs mit dem Sauerstoff angehöre, oder ob das Spectrum nur als die Uebereinanderlagerung des Wasserstoff- und Sauerstoffspectrums zu betrachten sei. Sollte ersteres stattfinden, so darf man nicht erwarten, die in Rede stehenden Linien in den einzelnen Gasspectris wiederzufinden, da aus den zahlreichen Beobachtungen Mitscherlich's, Plücker's, Dibbit's etc. hinlänglich hervorgeht, dass Verbindungen erster Ordnung ein Spectrum zeigen, welches mit denen der elementaren Bestandtheile nichts gemein hat, vorausgesetzt nämlich, dass die Verbindung durch die hohe Temperatur selbst nicht aufgehoben wird. Im vorliegenden Falle aber ergiebt sich das Gegentheil, denn man erkennt einen Theil der Wasserdampflinien im Wasserstoffspectrum und den andern Theil im Sauerstoffspectrum wieder.

Durch einen ganz gleichen Apparat als den beim letzten Versuche mit Wasserdampf oben beschriebenen, der innen möglichst ausgetrocknet und dessen Korke vor dem Aufsetzen durch anhaltendes Erwärmen im Luftbade möglichst getrocknet waren, liess ich einen Strom von Wasserstoffgas streichen, das aus Zink und Schwefelsäure dargestellt war, und durch concentrirte Schwefelsäure und Chlorcalcium getrocknet wurde, nachdem es in einer Wasserflasche von der übergerissenen unreinen Schwefelsäure befreit war. Der Strom floss mässig schnell durch den kleinen Appa-

rat und wurde beim Heraustreten noch einmal durch concentrirte Schwefelsäure geleitet, so dass der Apparat selbst nach beiden Seiten gegen die atmosphärische Luft
abgesperrt war. Um endlich eine Diffusion zu vermeiden, wurde der Gasstrom während des Versuchs beständig unterhalten, so dass der innere Druck den Aussern immer um zwei bis drei Zoll Wasser übertraf. Das Gas war etwa 15 Minuten durch
den Apparat hindurchgegangen, als ich den Funken hindurchschlagen liess. Der Uebergang erfolgte leicht und in der ganzen Zeit, während welcher der Funken überging, zeigte sich am Spectrum nicht die geringste Veränderung. [1] Die Platinalinien ausgenommen, die, wie früher erwähnt wurde, im Wasserstoffspectrum nur äusserst schwach zu beobachten waren, wurden nur drei Linien wahrgenommen, welche als dem Wasserstoff eigenthümlich zu betrachten sind, die Linien auf 70, 132 u.
165. Sie erscheinen äusserst lebhaft und stark glänzend.

Es ist kein Widerspruch, wenn die drei Linien als dem Wasserstoff angehörig
betrachtet werden; denn die Minima von Sauerstoff, welche noch als nicht entfernbarer Wasserdampf darin gewesen sein mögen, können nach Analogie der Sauerstofflinien im Wasserdampfspectrum unmöglich ein so lebhaftes Erscheinen jener Linien
bedingen, dass sie beim Lichtglanze der Wasserstofflinien wahrgenommen werden können.

Die eingehendsten Untersuchungen, welche bisher über das prismatische Bild
des im electrischen Funken glühenden Wasserstoffgases gemacht sind, rühren von
Plücker her. Derselbe schreibt dem Wasserstoff drei Linien zu, von denen zwei mit
den Fraunhofer'schen Linien C und F zusammenfallen, eine Thatsache, die dann
von vielen Physikern bestätigt worden ist. Die dritte Linie ganz in der Nähe von
G fällt zwar nicht mit dieser characteristischen Linie des Sonnenspectrums zusammen, findet aber, wie auch nicht anders denkbar, darin eine entsprechende. Eigenthümlich bleibt jedoch der merkwürdige Unterschied der blauen und violetten Linie, die Plücker als scharfe Streifen sah, während sie von Masson, Angström, von
der Willigen etc. als nach den Rändern hin verschwommene Felder gesehen worden.
Jedenfalls liegt der Grund hierfür in den verschiedenen Umständen, unter denen das
nämliche Gas zum Glühen kommt, und auch ich habe Gelegenheit gehabt, mich von
dem verschiedenen Aussehen der nämlichen Linien zu überzeugen. Auch beobachtete Plücker,[2] dass eine mit Wasserdampf gefüllte Geissler'sche Röhre nur das Spec

[1] Die Einrichtung meines Apparates zur Darstellung des Wasserstoffgases [nach Döbereiner's
Princip] gestaltete ein Nachgiessen der Schwefelsäure, ohne gleichzeitige Einführung von Luftblasen.
[2] Poggend. Annal. CVII. 606. — CIV. 124. — CV. 76 und 82.

2

trum des Wasserstoffs zeige, und er schloss daraus, dass der Wasserdampf zerlegt
werde. In statu nascenti verbinde sich sodann der Sauerstoff mit dem Platin zu
Platinoxyd und reines Wasserstoffgas bleibe zurück.

Es ist eine ganz räthselhafte Erscheinung, dass die Affinität des Platins zum
Sauerstoff in so auffallender Weise durch den electrischen Strom erhöht wird. Plücker giebt an, dass es ihm nie möglich gewesen sei, den Sauerstoff auf die Dauer
in einer mit Platinadrähten versehenen Geissler'schen Röhre zu erhalten, da stets
nach längerer oder kürzerer Zeit sämmtliches Gas sich mit dem Platina verbunden
hätte. Die Erscheinung wird uns so merkwürdiger, wenn man bedenkt, dass man
Platinoxyd durch Erhitzung zerstören kann, und dass dagegen Aluminium bei einer Erhitzung mit schöner Lichterscheinung verbrennt, während es Plücker in einer
Sauerstoffröhre ganz passiv fand.

Angström[1] entdeckte im Spectrum des Wasserstoffgases vier Linien, von denen
drei mit den meinigen genau übereinstimmen, während die vierte Linie in meiner
Zeichnung etwa auf Theilstrich 80,9 fallen müsste. Diese Linie ist jedoch nicht mit
der von mir beobachteten auf Theilstrich 80,5 zu verwechseln, die sich bei Angström
ausserdem noch vorfindet und nach seinen Angaben bei mir auf Theilstrich 80,36 liegen
sollte. Van der Willigen[2] endlich giebt in seinem Spectrum des fast reinen Wasserstoffgases 4 Linien an, deren Ablenkungen bezüglich 49° 33',5; 50° 1',5; 51° 27' und 52°
30',5 betragen. Ein Vergleich dieser Angaben mit denen über die Linien des Luftspectrums auf Seite 11 lehrt, dass die erste Linie 2, die zweite 5 und die dritte 17
entspricht, während die letzte keine entsprechende im Luftspectrum findet. Aus van
der Willigen's Angaben muss man aber entnehmen, dass er in seinem Spectrum des
Wasserstoffgases immer noch die übrigen Linien der atmosphärischen Luft gesehen
hat, denn die Linie, deren Ablenkung er mit 50° 1',5 angiebt, ist ganz entschieden
keine Wasserstofflinie. Was endlich die letzte Linie betrifft, so müsste dieselbe der Berechnung gemäss in meinem Apparate auf Theilstrich 162,3 liegen, also sehr nahe an
165, weshalb möglicher Weise hier nur ein Fehler in der Angabe der Minutenzahl
vorliegt, was um so mehr an Wahrscheinlichkeit gewinnt, da in der erwähnten
Tafel allerdings eine Linie aufgeführt ist, die der meinigen in jeder Beziehung entspricht.

[1] Poggend. Annal. XCIV. 157.
[2] Poggend. Annal. CVI. 622.

Sauerstoffgas.

Es lag anfänglich in meiner Absicht, das Sauerstoffgas auf electrolytischem Wege darzustellen, die energische Wirkung des entstehenden Ozons aber auf die organischen Bestandtheile des Apparates und dann vor allen Dingen die geringen Gasmengen nöthigten mich, das Gas aus chlorsaurem Kali, welches mit Kochsalz und Braunstein versetzt wurde, darzustellen. Einige vorläufige Versuche zeigten mir auch vollkommen deutlich, dass man nie ein reines Sauerstoffgas gewinnt, wenn man dasselbe erst in einem Gasometer auffängt. Ich leitete daher das Gas, dessen Entwicklung mit einer Weingeistflamme möglichst gleichmässig geschah, direct aus der Retorte durch zwei Waschflaschen mit concentrirter Kalilauge, sodann durch concentrirte Schwefelsäure und endlich durch den kleinen Funkenapparat, welcher an der Ausmündestelle wiederum durch concentrirte Schwefelsäure gesperrt war. Nach der Entwicklung des Gases, die etwa 15—20 Minuten beanspruchte, nahm ich die Retorte ab, um ein Zurücksteigen der vorgelegten Flüssigkeiten zu verhindern. Das Gas hielt sich während einiger Stunden im Apparate unverändert.

In dem Spectrum waren die Linien auf 100 und 125,3 gänzlich verschwunden, ein Umstand, der mir stets als Kriterium der Reinheit des Gases diente. An Stelle dessen traten aber andere Linien des Luftspectrums mit grossem Lichtglanze hervor, und an einigen Orten beobachtete ich sogar Linien, an denen ich früher solche nicht wahrgenommen hatte. Die Linien lagen auf folgenden Theilstrichen:

80,5, 85, 87, 89, 128, 129, 130, 141, 142, 143, 144,5, 147,5, 154,5, 160,3, 163,5, 165, 167, 170,6, 179,3, 185 und 186.

Sämmtliche Linien erschienen bedeutend heller als im Luftspectrum, und es zeigte sich dabei besonders die von Bunsen angegebene Eigenthümlichkeit, dass die Intensität der an sich schwachen Linien bei weitem schneller zu wachsen schien, als die der hellen Linien. Die neu dazu gekommenen Streifen gehören naturgemäss zu den schwächeren Linien. Die Wasserstofflinien fehlten in dem Spectrum nicht, und die Coincidenz der übrigen Linien des Wasserdampfspectrums mit einigen [und zwar den hellsten] Sauerstofflinien beweist sonach in der That, dass in den oben angeführten Versuchen der Wasserdampf wirklich in seine elementaren Bestandtheile zerlegt sein muss. Wir haben also bei dem im Wasserdampf überschlagenden electrischen Funken ganz entschieden einen analogen Vorgang zu dem, der beim Eintauchen der Polenden einer Batterie in Wasser vor sich geht.

Die Linie auf Theilstrich 165, welche ich früher schon als Wasserstofflinie angegeben habe, und zwar ganz in Uebereinstimmung mit andern Physikern, stelle ich gleichzeitig auch unter die Sauerstofflinien, und wie ich glaube, mit vollem Rechte. Im Spectrum des Wasserstoffgases ist diese Linie nur schwach vorhanden und erscheint als breites Feld, das sich über 4—6 Theilstriche ausdehnt. Andern im Sauerstoffspectrum, wo die beiden Hauptlinien des Wasserstoffspectrums gleichfalls erscheinen. Hier tritt jene Linie verhältnismässig viel zu hell auf, als dass man sie als Wasserstofflinie noch gelten lassen könnte; sie verleugnet aber ihre Wasserstoffnatur noch mehr durch ihre scharfe Umgrenzung, so dass man die 3 Linien auf 163,5, 165 und 167,5 sehr deutlich beobachten kann. Auch im reinen Luftspectrum scheint dieser Anschauung gemäss die Linie mehr durch den Sauerstoffgehalt bedingt zu sein, da sie scharfrandig erscheint und ihre Nachbarlinie deutlich erkennen lässt.

Bei Plücker[1] bot die Darstellung des Sauerstoffspectrums anfänglich grosse Schwierigkeiten, weil die Spuren von Sauerstoffgas sehr bald mit den Platinadrähten in Verbindung traten, worauf ein nicht leitungfähiges Vacuum in den Geissler'schen Röhren entstand, und während der Strom hindurchging, erlitt das Spectrum beständige Veränderungen, so dass es unmöglich war, dass sich zwei Beobachter über die gesehenen Erscheinungen verständigen konnten. Plücker schreibt dem Sauerstoffspectrum vier Hauptlinien α, β, γ, δ zu. deren Ablenkungen durch folgende Zahlen gegeben werden:

α 57° 30' [87,2]; β 58° 51' [111,4]; γ 59° 8' [117]; δ 61° 36' [164,7].

Legt man der Reduction der Plücker'schen Angaben[2] auf die meinigen den Abstand der Fraunhofer'schen Linien C und F zu Grunde, so ergiebt sich, dass ein Winkelwerth von 3',1 einem Theilstriche meiner Scala entspricht. Unter dieser Voraussetzung müssten Plücker's Linien auf die in Klammern beigesetzten Theilstriche meiner Scala fallen. Jene dritte Wasserstofflinie im violetten Theile des Spectrums fällt unter derselben Annahme auf Theilstrich 165, so dass auch aus Plücker's Angaben ein annäherndes Zusammenfallen der beiden Linien hervorgeht. Die Sauerstofflinien β und γ finden aber in meiner Abbildung durchaus keine entsprechenden, und auch die Angaben über einige unbedeutendere Linien sind nicht mit den meinigen zu vereinbaren. — Van der Willigen[3] führt eine ganze Reihe von Linien auf, die er in dem Spectrum seines fast reinen Sauerstoffgases beobachtete. Sie fal-

[1] Pogg. Annal. CIV. 126.; CV. 79.; CVII. 618.

[2] Für die Linien C und F giebt Plücker die Ablenkungen 57° 10',5 und 59° 55',5 an, so dass 2° 45' nach Plücker 53 Theilstrichen meiner Scala entsprechen.

[3] Pogg. Annal. CVI. 622.

[4] Die Linie entsprechend 25 ist in van der Willigen's Angaben wahrscheinlich mit einem grösseren Beobachtungsfehler behaftet, und ist mit 24 verwechselt.

len mit den unter 2, 4, 5, 7, 15, 17, 25, 26, 31 und 34 angegebenen Linien seines Luftspectrums zusammen, sind aber keineswegs sämmtlich Sauerstofflinien. Dieselben beschränken sich vielmehr nur auf die Nummern 4, 25, 26, 31 und 34, während 2 und 17 dem Wasserstoff und die übrigen dem Stickstoff angehören. Zwei Linien [1], welche v. d. Willigen im Luftspectrum nicht beobachtete, würden in meiner Tafel auf den Theilstrichen 134 und 141,7 liegen müssen. Erstere habe ich nie beobachtet und letztere entspricht wahrscheinlich der Linie auf 141. — Was endlich Angström's Untersuchungen anlangt, so passen sie sich den meinigen am besten an, denn aus den schwarzen Strichen seiner Tafel zu schliessen, hat er die Linien auf 87, 128, 129, 130, 141, 142, 143, 144,5, 147,5, 163,5, 166, 167, und einige andere, über welche sich schwer entscheiden lässt, ebenfalls als Sauerstofflinien erkannt.

Kohlensäure.

Die Kohlensäure bietet wegen der Leichtigkeit ihrer reinen Darstellung grosse Vortheile beim Experimentiren. Ich stellte sie aus Kreidestücken und Salzsäure dar und goss letztere nur tropfenweise in das Trichterrohr, um ein Einführen von atmosphärischer Luft zu vermeiden. Der Strom war nur mässig schnell, und wurde vor dem Eintritt in den Funkenapparat erst über Wasser gewaschen und dann über Schwefelsäure oberflächlich getrocknet. Das Gas wurde nicht wie früher nach seinem Durchgange durch den Apparat wieder abgesperrt, vielmehr wurde das Austrittsrohr mit einem langen Gummischlauche verbunden, der es gestattete, während des Beobachtens nach Lösung des Kautschuckschlauches zwischen Schwefelsäureflasche und Funkenapparat, schnell die Kohlensäure auszusaugen und durch Luft zu ersetzen. Als Kriterium der Reinheit galt mir wie beim Sauerstoff die Abwesenheit der Linien auf 100 und 125,8. Die angegebene Methode ist ganz vorzüglich, um über gewisse Linien ins Klare zu kommen. Man sieht, wie einzelne Linien allmählig verschwinden, wie dabei andere immer heller und heller werden, und wie endlich, gleichsam zum Ersatz für die verschwundenen, an andern Orten neue Linien auftauchen; es macht den Eindruck, als sehe man Nebelbilder allmählig in einander übergehen, und dann genügt wieder ein Athemzug, um das Luftspectrum in seiner ursprünglichen Schönheit herzustellen.

Angström [2] sagt über das Kohlensäurespectrum wörtlich: „Es glich vollkom-

---

[1] Ihre Ablenkungen sind mit 51° 31′ und 51° 46′,5 angegeben.
[2] Pogg. Annal. XCIV. 156.

— 22 —

men dem des Sauerstoffs, was die stärkeren Linien im blauen und violetten Felde betrifft. Einige Verschiedenheit zeigte sich indessen bei den schwächeren Linien. Auch beobachtete ich einen helleren Streifen, welchen ich im Sauerstoffspectrum nicht wahrnahm. Indess können beide Spectra als identisch angesehen werden und beide als dem Sauerstoff angehörig. Dies erklärt sich aber auch leicht dadurch, dass, nach Berzelius, der electrische Funke die Kohlensäure in Kohlenoxydgas und Sauerstoff zerlegt, wobei denn das Sauerstoffgas die dieser Gasart eigenthümlichen Linien im Spectrum wiedergiebt". Das Letztere bestätigt auch Plücker, indem er angiebt, dass das Spectrum einer Kohlensäureröhre sich anfänglich geändert habe, indem eine Zerlegung des Gases in Kohlenoxydgas und Sauerstoff stattgefunden hätte. Ersteres habe darauf ein constantes Spectrum gegeben, das mit dem einer ursprünglichen Kohlenoxydgasröhre vollkommen identisch war, während letzteres mit Platin sich verband.

Meine eigenen Versuche bestätigen das von Angström Gesagte in der schönsten Weise, doch fand ich die feinen Linien im blauen und violetten Theile nicht nur der Kohlensäure eigenthümlich, sondern ich sah diese nicht bestimmbaren Linien zu beiden Seiten von 147,5 auch im Sauerstoffspectrum, so dass die Identität beider Spectra noch vollkommener erscheinen muss. Was endlich den einen helleren Streifen anlangt, so versetze ich denselben in das grüne Feld [1]), wo ich ihn beständig als Doppellinie auf Theilstrich 119 — 120 im Kohlensäurespectrum sah, muss es aber dahin gestellt sein lassen, ob er in Folge der Kohlensäure oder des Kohlenoxydgases entstanden ist. Jedenfalls war er im Spectrum der atmosphärischen Luft nicht sichtbar, woraus die Unwirksamkeit der atmosphärischen Kohlensäure auf das Luftspectrum erhellt.

Nachdem ich die fast völlige Identität des Kohlensäure- und Sauerstoffspectrums erkannt hatte, benutzte ich zur Darstellung des Sauerstoffspectrums stets nur Kohlensäure.

Van der Willigen [2]) giebt in dem Spectrum seiner fast reinen Kohlensäure fünfzehn Linien an, die in der Tafel III. mit gleichzeitiger Angabe der Orte, auf denen die Streifen auf meiner Scala liegen würden, verzeichnet sind. Die Linien 5, 7 und 15 sind wiederum die hellen Stickstofflinien, welche bei van der Willigen nicht vollkommen verschwunden sein mögen, weil sein Gas nicht rein war. Die Linie, welche der Berechnung gemäss bei mir auf Theilstrich 118,7 gesehen werden müsste,

---

[1]) Wo er bei Angström liegen soll, vermag ich nicht anzugeben.
[2]) Pogg. Annal. CVI. 521.

ist wahrscheinlich die der Kohlensäure eigenthümliche Doppellinie, die indessen Verf. nur einmal doppelt gesehen hat. Da er die Ablenkung des zweiten Theiles [den er eben nur einmal gesehen hat] mit 51° 0',5 angiebt, so müsste die entsprechende Linie in meiner Tafel auf Theilstrich 120 liegen.

Tab. III.

Nummer der entsprechenden Linie in v. d. W. Luftspectr.	Ablenkg.	Entsprechender Scalenstrich.
2	49° 33'	79
4	49 51,5	87
5	50 1,5	92,7
—	50 5	Natrium.
7	50 18,5	100
—	50 57,5	119,5 [118,7]
15	51 11	125,3
—	51 19,2	129
—	51 23	130 [130,7]
21	51 43,5	141
24	51 54,5	145,5 [144,5]
26	51 60,5	147,8
31	52 26	160,3
33	52 36,5	165
35	52 52	170,6 [172]

Stickstoff.

Denkt man sich aus dem Luftspectrum die Linien des Sauerstoffs und Wasserstoffs weggelassen, so bleiben die Linien des Stickstoffs übrig, zu denen also die folgenden zu rechnen sein würden:

92,7, 99, 100, 104,5, 100, 107, 117,5, 123, 125,8, 135, 138, 146,5, 158, 160, 174,4 und 192,5.

Es finden sich also Stickstofflinien in allen Theilen des Spectrums und die Partie von Theilstrich 92,7 bis 125,3 wird sogar ausschliesslich von Stickstofflinien eingenommen. Unter diesen die hellsten, charactenstischsten und eigenthümlichsten des ganzen Luftspectrums. Es schien mir indessen wünschenswerth, dies auf negativem Wege erzielte Resultat auch positiv bestätigt zu sehen, fand aber manche Schwierigkeiten, die die Darstellung des reinen Stickgases bereitete. Ich stellte das Gas durch Kochen einer Lösung von salpetrigsaurem Kali mit Chlorammonium dar und fing dies unreine Product in einem mit Wasser gefüllten Gasometer auf. Dies Gas wurde demnächst durch eine alkalische Lösung von pyrogallussaurem Kali geleitet, die ja den Sauerstoff so vollkommen absorbirt, dass sie zu eudiometrischen Zwecken verwandt werden kann, ferner über Schwefelsäure und Chlorcalcium getrocknet, und darauf durch eine Glasröhre geleitet, in welcher zwei Porzellanschiffchen mit Natrium standen, welches beständig im geschmolzenen Zustande erhalten wurde. Nach dieser letzten Läuterung endlich passirte der langsame Gasstrom den Funkenapparat und wurde am ausmündenden Ende durch concentrirte Schwefelsäure gesperrt. So oft ich indessen auch den Versuch ausgeführt habe, so war doch das Resultat des Versuchs eigentlich nie recht befriedigend, da ich die hellsten der Sauerstofflinien n i e a b s o l u t entfernen konnte, doch blieb mir kein Zweifel darüber, dass die betreffenden Linien in der That Stickstofflinen waren. Jedoch scheinen auch andere Physiker mit diesen Schwierigkeiten gekämpft zu haben, wie aus einem gründlichen Studium der Autoren entnommen werden kann und Angström [1] sagt gelegentlich: „Aus dem Vorhergehenden folgt, dass die hellen Linien im Luftspectrum fast ausschliesslich dem Stickgas angehören. Um diese Folgerung zu prüfen, liess ich ein Stück Phosphor in den Apparat einschliessen und entzündete dasselbe durch einen erhitzten Kupferdraht, der durch die kleine zum Ausströmen des Gases dienende Oeffnung hereingesteckt wurde. Dann verschloss man die Oeffnung. Das auf diese Weise erhaltene Stickgas ist nicht rein, sondern gemengt mit einem weissen Rauch von Phosphorsäure; dieser setzt sich aber und lässt das Stickgas rein zurück. Der elektrische Funken zeigte indessen dieselben Eigenschaften wie in atmosphärischer Luft. Dieses Resultat bestätigt nicht nur die hinsichtlich des Stickgasspectrums gemachte Folgerung, sondern beweist auch, dass das Luftspectrum nicht eigentlich als ein Resultat der Verbrennung des Stickstoffs im Sauerstoff zu betrachten ist, sondern als ein einfaches Glühphänomen." Zwar weiss ich nicht, ob nicht schon irgend ein Physiker das electrische Spectrum der Phosphorsäure als eine Combination des Phosphor- und Sauerstoffspectrums erkannt hat, was man doch fast vermuthen sollte, doch bezweifele ich, dass nur die Phosphorsäure die Schuld an dem Erscheinen der Sauerstofflinien im Stickgasspectrum trägt, denn in diesem Falle hätten dieselben bald verschwinden müssen, da der Funken alle Körper sehr schnell von den Electroden herunter schleudert. Andrerseits hat aber Meissner gezeigt, dass Phosphor nicht ohne weiteres zur Darstellung eines reinen Stickgases dienen kann, da derselbe bei seinem Verbrennen stets Antozon, das bei Gegenwart von Wasser jene weissen Nebel bildet, entbindet. Ozon und Antozon geben aber, soviel man bis jetzt darüber weiss, ganz identische Spectra, oder besser gesagt, das Sauerstoffspectrum ist sowohl ein Ozonspectrum als ein Antozonspectrum.

---

[1] Pogg. Annal. XCIV. 158.

Angström, van der Willigen und Masson machten sich die Darstellung des reinen Stickgases durch die verhältnissmässig grossen Räume, welche sie damit füllen wollten, unnöthig schwierig, und selbst bei meinem Funkenapparat, dessen innerer Raum doch nur verschwindend klein war gegen die Räume jener Physiker, konnte ich es nicht zu einer absoluten Reinheit des Gases bringen. Ich suchte darum die Gasmenge noch zu beschränken.

In eine Röhre von leicht schmelzbarem weissen Glase, deren innerer Durchmesser etwa ⅓ Zoll betrug, wurde ein Stück sorgfältig gereinigten Natriums geschoben und die Röhre auf beiden Seiten spitz ausgezogen. Solcher Natriumröhren von 2 bis 4 Zoll Länge fertigte ich mehrere und nahm dann nach Bedürfniss eine davon, brach die Spitzen an beiden Enden weg und schmolz ein Paar lange Platinadrähte ein, die sich, etwa auf ⅓ der ganzen Länge von der einen Spitze entfernt, einander gegenüber standen. Dabei wurde Sorge getragen, dass die Spitzen beider Drähte am Glase anlagen, um, wie früher erwähnt, den Lichteffect zu verstärken, und wenn ich mich von der passenden Entfernung der Drahtenden überzeugt hatte, wurde die Röhre an beiden Spitzen mit Siegellack überzogen, um die Haltbarkeit an den Stellen, wo Platina und Glas zusammengeschmolzen waren, zu erhöhen. Nach dem Erkalten des Siegellacks wurde das Natriumstück durch Schütteln auf ⅓ der ganzen Länge von dem andern Ende bewegt, sodann über einer Weingeistlampe zum Schmelzen erhitzt und endlich im Momente des Erstarrens durch eine geeignete Schwenkung so auseinander geschleudert, dass es dem innern Gase eine möglichst grosse Oberfläche darbot, ohne indessen derjenigen Stelle zu nahe zu kommen, wo der Funken überschlagen sollte. Mitunter ist es nothwendig, diesen Schmelz- und Schleuderungsprocess noch einmal zu wiederholen, und ist in diesem Falle das Natrium nicht vollständig von dem anhaftenden Steinöl befreit gewesen, dann pflegen sich Zersetzungs- und Destillationsprodukte zu bilden, welche die Röhre innen so sehr trüben, dass sie zu einem jeden Versuche unbrauchbar wird.

In einer völlig gelungenen Röhre schlägt der Funken mit grünlich-weissem Lichte über und zwar mit um so weissorem Lichte, je mehr sich die rothe Wasserstofflinie in dem Spectrum geltend macht. So gelingt es aber in der That, ein Spectrum zu erhalten, in welchem neben den mehr oder weniger hell erscheinenden Wasserstofflinien nur noch die Linien des Stickstoffs gesehen werden. Leider sind jedoch diese kleinen Apparate nicht lange stichhaltig, da in dem beschränkten Raume das sich niederschlagende Platina das Glas für das Licht bald zu opak macht.

— 26 —

Atmosphäre, Sonnen- und Luftspectrum.

Die Ansichten über den Entstehungsort der Frauenhofer'schen Linien waren lange Zeit hindurch sehr getheilt, indem die Einen ihren Ursprung absolut nach der Sonne verlegen wollten, und Andere ihre Ursache eben so entschieden in der Erdatmosphäre zu finden meinten; die zahlreichen, theils sehr gründlichen Untersuchungen der vergangenen funfzig Jahre lassen aber keinen Zweifel darüber, dass sowohl die Sonnen- als die Erdatmosphäre an der Bildung der Frauenhofer'schen Linien Theil haben.

Die vielen jederzeit im Sonnenspectrum wahrnehmbaren Linien, welche hinsichtlich ihrer Lage, Breite, Intensität, Zahl und sonstiger Eigenthümlichkeiten mit den Linien mancher Flammen- und Funkenspectra in so auffallender, ja merkwürdiger Weise übereinstimmen, machen es zur absoluten Gewissheit, dass ein Theil der Linien des Sonnenspectrums nur durch Absorption der betreffenden Strahlengattungen von gewissen Elementen in Dampfform entstanden ist. Diese Absorption fand auf der Sonne statt, denn damit ist einmal das mögliche Vorhandensein jener Substanzen auf diesem Himmelskörper vereinbar, und dann erscheint hier auch die Annahme einer Temperatur, bei der z. B. Eisen verflüchtigt wird, vollständig zulässig. Die Häufigkeit solcher Coincidenzen zwischen Linien des Sonnenspectrums und denen chemischer Elemente macht die Erscheinung von aller Zufälligkeit frei, und die thatsächliche Verschiedenheit der Spectra mehrerer Fixsterne ist keine unwesentliche Stütze jener Ansicht.

Der linienerzeugende Einfluss unserer Erdatmosphäre auf das Sonnenspectrum kann, wie später gezeigt werden soll, ebensowenig in Abrede gestellt werden. Wenn nun die Vertreter eines absolut tellurischen Ursprungs der Frauenhofer'schen Linien gegen jene Ansicht geltend machten, es müssten die Linien im Spectrum des Randlichtes dunkler erscheinen, als die vom Lichte des Kernes, so kann man wohl ganz richtig mit Kirchhoff die bescheidene Anfrage thun, welches Photometers sich diese Herren bedient haben, um jenen Intensitätsunterschied, der theoretisch vielleicht existirt, practisch nachzuweisen. Entschieden wird hier ein jeder messender Versuch zur Illusion, und dies um so mehr, da er nur in aufeinanderfolgenden Zeiten ausgeführt werden kann. Andererseits erwäge man aber, dass der Unterschied zwischen Rand und Centralstrahlen auf der Sonne bei weitem kleiner sein muss als auf der Erde, da die Atmosphäre der ersteren verhältnissmässig viel höher ist als die der letzteren.

— 27 —

Unsere Atmosphäre ist den Berechnungen zu Folge etwa 10 — 14 Meilen hoch und nimmt naturgemäss nach oben an Dichtigkeit ab. Stellt man sich dagegen vor, dass die Dichtigkeit an allen Orten dieselbe wäre, dann dürfte sich unter Annahme eines Barometerstandes von 28 Zollen die Luft nicht viel höher als eine Meile erheben. Gesteht man ferner zu, dass das Absorptionsvermögen der Luft in den verschiedenen Dichtigkeitszuständen ein specifisch anderes sei, dann müssten sich in dem Sonnenlichte, das durch eine solche Atmosphäre gegangen ist, gewisse Linien durch eine ganz besondere Dunkelheit auszeichnen, während andere Streifen dagegen ganz und gar verschwunden sein müssten. Gleiche Absorptionsstreifen müssten sich in dem Spectrum jeder Lichtquelle zeigen, wenn das Licht, welches an und für sich ein continuirliches Spectrum giebt, erst eine Strecke von mindestens einer Meile durch die Atmosphäre an der Erdoberfläche zurückgelegt hätte, ehe es auf den Spalt des Spectralapparates fällt. Dieser Versuch wurde von Gladstone [1] zuerst ausgeführt, allein seine Erwartungen haben sich keineswegs bestätigt, denn trotzdem das Licht seiner dreissig mit parabolischen Spiegeln versehenen Oellampen 25 — 27 englische Meilen durch die Atmosphäre zurückgelegt hatte, zeigte sich nicht einmal die von Gladstone und Brewster erwartete Linie D in dem Spectrum.

Was kann man nun aus diesem Versuche schliessen? Einen Einfluss unserer Atmosphäre leugnen, wäre zu weit gegangen, selbst wenn auch Professor Müller [2] den Satz aufgestellt hat, dass farblose Gase keinen auswählend absorbirenden Einfluss auf das chromatische Spectrum ausüben; und scheint auch der Gladstone'sche Versuch eine Bestätigung im Grossen für Miller's Experimente mit kurzen Gasschichten zu sein, so sagt doch Miller in dem nämlichen Aufsatze [3]: „Als ich das Spectrum des diffusen Tageslichtes gegen Abend untersuchte, da gerade ein heftiges Gewitter heraufzog, kamen zunächst unsichtbare Linien deutlich zum Vorschein und besonders wurde in dem hellsten Theile des Spectrums, zwischen D und E, doch näher der ersteren Linie, eine Gruppe sichtbar, deren Deutlichkeit mit der Heftigkeit des Regens zunahm; so wie der Regen aufhörte, wurde sie schwächer und verschwand. Ich habe später bei mehreren Gelegenheiten die Richtigkeit dieser Beobachtung bestätigt gefunden." Da farblose Gläser und Flüssigkeiten auf das chromatische Spectrum nur allgemein schwächend wirken, so müssen die von Miller beobachteten Absorptionsstreifen durch den vermehrten atmosphärischen Wasserdampf hervorgerufen sein, und

---

[1] Philos. Trans. CL. 158.
[2] Poggend. Annal. LXIX. 405.
[3] Ebenda p. 409.

4 *

die neuesten Untersuchungen Janssen's [1]), welcher auf dem Genfer See Gelegenheit hatte, Absorptionsstreifen in dem Spectrum einer weisses Licht aussendenden Strahlenquelle zu beobachten, bestätigen dies in der überraschendsten Weise.

Der Wassergehalt der Atmosphäre scheint somit bei der Veränderung des Sonnenspectrums durch die Erdatmosphäre die Hauptrolle zu spielen. Wasser kommt indessen in der Atmosphäre in doppelter Gestalt vor: einmal nämlich als Wasserdampf und dann in Gestalt kleiner Bläschen als tropfbarflüssiges Wasser, zwei Zustände, mit denen sich zwei verschiedene Erscheinungen auf das Engste verknüpfen.

Forbes [2]) beobachtete gelegentlich, als er vor einer Locomotive stand, welche grosse Mengen Dampfes aus dem Sicherheitsventile entweichen liess, dass die Sonne mit orangefarbenem Lichte durch jene Nebel hindurchschien, und spectroscopische Untersuchungen, die er darauf an einem Dampfkessel, aus welchem der Dampf unter sehr verschiedenem Druck ausströmte, anstellte, überzeugten ihn, dass die Wasserbläschen ganz besonders stark auf die violetten, blauen, grünen und gelben Strahlengattungen wirkten, so dass von dem anfänglich vollkommen ausgebildeten Spectrum schliesslich nur noch das Roth und Orange stehen blieben. Dabei machte er ferner die merkwürdige Beobachtung, dass die Absorption an den Stellen am vollkommensten war, wo der Wasserdampf sich zu condensiren anfing, und dass die höheren Schichten für seine Lichtquelle vollkommen opak waren. Aehnlichen Erscheinungen begegnet man vielfach in der Natur. Betrachtet man irdische Lichtquellen aus grösserer Entfernung, so erscheinen sie gelbroth, und zwar um so mehr, je reicher die Atmosphäre an Nebelbläschen ist, und diesen Umstand darf man auch bei der Deutung des Gladstone'schen Versuches nicht ausser Acht lassen. Die Abend- und Morgenröthe ferner sind Consequenzen aus jener Eigenschaft der Wasserbläschen in statu nascenti, denn erstere beginnt, wenn bei zu Ende gebender Sonnenstrahlung die Condensation des atmosphärischen Wasserdampfes anfängt, letztere dagegen tritt ein, wenn die in der Luft schwimmenden Wasserbläschen durch die aufsteigende Sonne wieder gelöst werden.

Beobachtet man an einem sonnenhellen Tage das Sonnenspectrum in angemessenen Intervallen von Sonnenauf- bis Sonnenniedergang, dann kann man den wesentlichen Einfluss jener Wasserbläschen auf das Spectrum studiren, indem man verfolgt, wie die Ausdehnung desselben mehr oder weniger schnell wächst, wie sodann die Länge unter der Mittagszeit während mehrerer Stunden ein Maximum ist, und

---

[1]) Compt. rendus LX. 213.
[2]) Poggend. Annal. XLVII. 593.

wie sie dann endlich, erst langsam, darauf schneller wieder abnimmt. Diese Längenveränderung besteht keineswegs, wie auch Brewster bemerkt, in einer gleichmässigen
Contraction des Spectrums, denn es bleibt der gegenseitige Abstand der Linien vollkommen gleich, sondern es stellt sich die Längenveränderung des Spectrums in einem
Verschwinden desselben vom violetten Ende her, oder durch ein Wachsen im um-
gekehrten Sinne dar.

Ganz anders verhält sich der Wasserdampf, das Wassergas. Der Gehalt an
Wasserdampf wirkt auf die Atmosphäre etwa wie ein Oeltropfen auf Papier, und
macht sie durchsichtig, so dass ferne Gegenstände ungemein klar und hell erscheinen,
und fassen wir speciell die Wirkung des Wasserdampfes auf das Sonnenspectrum in
das Auge, so unterliegt es keinem Zweifel, dass derselbe darin Linien hervorzurufen
vermag. So ist z. B. die Liniengruppe, welche Miller an der brechbareren Seite der
Linie D beobachtete, entschieden in Folge der Absorption der betreffenden Strahlen
durch den Wasserdampf entstanden. Auch Brewster [1] sagt von dieser Liniengruppe,
die er mit δ bezeichnet, dass sie ganz besonders leicht erscheine, indem schon das
diffuse Tageslicht zu ihrer Beobachtung genüge, und wenn ferner Broch [2] die Bemerkung macht, dass er das Sonnenspectrum in Stockholm nie mit der Fraunhofer-
schen Zeichnung übereinstimmend gefunden habe, so ist man fast gezwungen, aus
der Figur, welche die Abweichungen darstellt, den Schluss zu ziehen, dass die wasser-
reiche Umgebung Stockholms, und nicht seine geographische Breite, wie Broch meint,
die Veränderungen des Spectrums bedingen. Endlich erwäge man die Umstände,
unter denen Janssen die oben erwähnte Beobachtung machte, und man hat auch in
dieser einen sprechenden Beweis für jene Thatsache.

Wie weit und in welcher Weise auch die übrigen farblosen Bestandtheile der
Erdatmosphäre, also Sauerstoff, Stickstoff und Kohlensäure, an der Bildung der
Fraunhofer'schen Linien Theil nehmen, ist noch vollkommen verborgen, und es ist
dies entschieden eine Frage, die ihrer Lösung ganz bedeutende practische Schwierigkeiten in den Weg legt. Mag dem nun sein, wie da will, jedenfalls ist die Annahme,
dass auch sie absorbirend wirken, von vorn herein vollkommen naturgemäss und
daher berechtigt.

Ueber den terrestrischen Einfluss auf das Sonnenspectrum besitzen wir eine
Menge mehr oder weniger ausführlicher Beobachtungen, und man staunt über die

[1] Philos. Trans. CL. 164.
[2] Poggend. Annal. Suppl. III. 311.

— 30 —

Beharrlichkeit, welche Männer wie Brewster [1], Gladstone, Miller, Kirchhoff, Secchi [2], Janssen [3], Kuhn [4] und Andere bei diesen, wie überhaupt bei spectralanalytischen Untersuchungen an den Tag legten. Alle diese Beobachter stimmen darin überein, dass die Zahl der Fraunhofer'schen Linien während der Dauer eines Tages bestimmten Schwankungen unterliegt, indem Abends und Morgens ihre Anzahl eine grössere ist wie während der Mittagszeit. Auch meine eigenen Beobachtungen bestätigen dies.

Die Absorption der rein gasigen Bestandtheile der Atmosphäre, die man zum Unterschiede von jener der Wasserbläschen passend die „linienerzeugende" nennen könnte, unterscheidet sich von jener auch dadurch, dass sie ihren Einfluss besonders im Roth und Ultraroth geltend macht, während jene vom Violett nach dem Roth hin erfolgt. Leider gehen beide Absorptionen in den meisten Fällen gemeinschaftlich vor sich, ein Umstand, der bei der Beobachtung des linienerzeugenden Einflusses der Atmosphäre im blauen und violetten Theile sich oft unangenehm bemerklich macht. Die Zahl der durch die Atmosphäre hinzukommenden Linien ist sehr beträchtlich, besonders gross ist ihre Zahl im Roth, und nach Brewster giebt es deren sogar noch jenseits A.

Wie verhalten sich nun die Linien des Luftspectrums zu den terrestrischen und den der Sonne angehörigen Linien des Sonnenspectrums? Da das von Seiten meines verehrten Lehrers des Herrn Professor Knoblauch mir freundlichst zur Disposition gestellte finstere Zimmer eine Beobachtung des Sonnenspectrums nur in den Vormittagsstunden gestattete, so stellte ich das Spectroscop in dem 75 Fuss hohen Observatorium auf, das nach allen Seiten hin eine freie Aussicht gewährt, und ich beabsichtigte, die Vergleichung beider Spectra einfach in der Weise auszuführen, dass ich bei unveränderter Stellung von Prisma, Spalt, Fernrohr und Scala die Linien des Luftspectrums an den betreffenden Stellen des Sonnenspectrums aufsuchte. Ist nun diese Methode für die stärkeren Linien des Spectrums auch ausreichend, wie z. B. für C und F, deren Coincidenz mit den zwei Wasserstofflinien auf den Theilstrichen 79 und 132 nicht zu verkennen ist, so genügt sie doch keineswegs für die schwächeren, da ich auf dem Raum der Scala, wo ich sonst eine Luftlinie zu sehen gewohnt war, viele Sonnenstreifen zählen konnte. Ich sah mich deshalb genöthigt, den Apparat schliesslich wieder im finstern Zimmer aufzustellen und mit dem Lichte

[1] Poggend. Annal. XXIII. 435. — XXXIII. 233. — XXXVIII. 60. — LXXXI. 471.
[2] Compt. rendus LVII. 71. — LIX. 182 u. 309. — LX. 379.
[3] Ebenda LIV. 1290. — LVI. 536 u. 962. — LVII. 215. — LVIII. 795. — LX. 213.
[4] Poggend. Annal. XC. 609.

der Vormittagssonne einen directen Vergleich durch Superposition der Spectra aus-
zuführen. Auf diesem untrüglichen Wege, der nur für die schwächeren Linien des
Luftspectrums nicht stichhaltig ist, weil dieselben vor dem Lichtglanze des Sonnen-
spectrums nicht gesehen werden, habe ich mich davon überzeugt, dass unser den
Wasserstofflinien keine andere Linie des Luftspectrums mit denen des Sonnenspectrums
coincidirt. Da der in Rede stehende vergleichende Versuch des Sonnen- mit dem
Luftspectrum zu einer Tages- und Jahreszeit angestellt wurde, wo die terrestrischen
Absorptionsbänder unsichtbar waren, so muss man jene Linien als auf der Sonne entstanden annehmen, und damit die Anwesenheit von Stickstoff und Sauerstoff in der
Sonnenatmosphäre negiren. Der Versuch, unter den terrestrischen Linien solche zu
entdecken, welche mit Linien des Luftspectrums coincidiren, hat nur zu negativen
Resultaten geführt, und wenn man etwa geneigt sein sollte, ein Absorptionsband an
der weniger brechbaren Seite von D als mit der dreifachen Stickstofflinie auf Theilstrich 92,7 coincidirend anzusehen, dann erwäge man, dass man auch mindestens auf
den Theilstrichen 100, 117,5 und 125,3 analoge Streifen entdecken müsste, was der
Erfahrung widerspricht. Da nun nichts gegen die Annahme spricht, dass der farblose Stickstoff oder Sauerstoff bei gewöhnlicher Temperatur so gut ein Absorptionsvermögen besitzt, als das Wassergas, dem, nach dem Früheren ein solches entschieden zukommt, so wird man damit auf die Vermuthung geführt, dass ein und
derselbe Körper in Gasgestalt unter verschiedenen Umständen ein verschiedenes Ab-
sorptions- und mithin auch ein anderes Emissionsvermögen besitzen möchte.

Temperatur, Dichtigkeit und Spectrum.

Soweit unsere Erfahrungen reichen, ist die ponderabele Materie absolut erforderlich, wenn es sich darum handelt, den imponderabeln Aether in die periodische
Bewegung zu versetzen, die das Auge als Licht empfindet, welche durch den Tempe-
ratursinn als erwärmend erkannt wird, und die sich bei so vielen organischen und
anorganischen Processen entschieden von chemischer Wirkungsfähigkeit bekundet.
Das Leuchten der Sonne und aller Fixsterne wird durch Substanzen vermittelt, wie
wir sie auf der Erde beobachten, und bei allen Vorgängen, durch welche wir künstlich
Licht erzeugen, ist immer die sinnliche Materie als Träger der Erscheinung im Spiel.

Schaltet man an irgend einer Stelle in den Kreislauf eines elektrischen Stromes
einen dünnen Metalldraht ein, so erfährt der Strom eine Schwächung, während man
gleichzeitig an dem Schliessungsdraht ein Erglühen beobachtet, das als das Aequi-

valent des aufgewandten Stromes zu betrachten ist. Zu dem nämlichen Resultat
gelangt man ferner, wenn man die Kette durch eine Flüssigkeitsschicht schliesst,
indem man die Electroden in dieselbe eintaucht und nun auf kurze Entfernungen den
Funken überschlagen lässt. In allen Fällen strahlen die betreffenden Substanzen Licht
aus, das unter den günstigsten Umständen bei allen gleich weiss ist und ein vollkommen continuirliches Spectrum giebt. Schliesst man dagegen den Kreislauf des
elektrischen Stromes durch eine Gasschicht, die je nach ihrer Dichtigkeit und Länge
eine verschiedene Stromstärke voraussetzt, dann finden zwar auch in dieser Processe
statt, welche die ursprünglich an die solide Masse gebundene elektrische Bewegung
modificiren und auf den Lichtäther übertragen, die Modification ist aber von der
obigen wesentlich verschieden, sie ist abhängig von der Natur des Gases und das
Emissionsvermögen wird ein ausstrahlendes.

Der Unterschied des Emissionsvermögens eines und desselben Körpers in
Dampfgestalt und als solide Masse ist ein allgemeiner, er ist ein Gesetz, dessen innere
Nothwendigkeit wir noch nicht zu begreifen vermögen. Man muss indessen vermuthen, dass er, wenn wir an der althergebrachten Vorstellung festhalten, durch
die Verschiedenheit der Atome bedingt ist, denn darauf deutet auch die Constanz
des Productes zwischen Atomgewicht und specifischer Wärme eines Elementes hin,
dies bekunden ferner Thatsachen wie die, dass nur äquivalente Mengen von
Kobalt und Nickel in Salzsäure gelöst ihre rothe und grüne Farbe beim Vermischen
zur Farblosigkeit aufheben.

Die Verschiedenheit des Emissionsvermögens der einzelnen Elemente in Gasgestalt, die Voraussetzung ferner, dass die betreffenden Substanzen bei der Verflüchtigung in ihre Grundbestandtheile zerfallen, und die Constanz der Erscheinung unter
identischen Umständen endlich bilden das Fundament der qualitativen chemischen Elementar-Analyse durch das Spectrum.

Den ersten Punkt setzen wir bei spectralanalytischen Beobachtungen als richtig
voraus, und wie uns zahlreiche Versuche gelehrt haben, hat diese Annahme die
grösste Wahrscheinlichkeit für sich, da nur die Spectra weniger Elemente noch nicht
bekannt und als von allen andern verschieden erkannt worden sind. In Betreff des
zweiten Punktes ist hervorzuheben, dass wir in dem Fall einer Nichtaufhebung der
Verbindung bei der Verflüchtigungstemperatur ganz ähnliche Unterschiede wahrnehmen, wie die sind, welche auch hinsichtlich der Verschiedenheit der übrigen
physikalischen und chemischen Eigenschaften zweier Elemente und ihrer Verbindung

bekannt sind, wie Mitscherlich [1], Dibbits [2] und Plücker [3] durch zahlreiche Versuche nachgewiesen haben. Rücksichtlich des dritten Punktes endlich mag hier ein genaueres Eingehen gestattet sein.

Vergleicht man die von Plücker [4] gegebene Beschreibung des Stickstoffspectrums mit der meinigen, so findet man beide vollkommen von einander verschieden. Wie diese Differenz erklären? Ich bin weit davon entfernt, die Richtigkeit der Plücker'schen Beobachtung, die so schön mit der Morren'schen [5] Abbildung übereinstimmt, anzuzweifeln, glaube jedoch nach dem bei Gelegenheit der Besprechung des Stickstoffs Gesagten durchaus nicht auffassend zu erscheinen, wenn ich auch die Richtigkeit meiner eigenen Beobachtungen behaupte, und die Sache verliert überhaupt alle in dieser Beziehung möglichen Bedenken, wenn ich hinzufüge, dass auch beim Sauerstoff- und Wasserstoffspectrum je nach der Methode der Darstellung andere Linien erscheinen.

Plücker bediente sich zur Darstellung der Gasspectra ausschliesslich der Geissler'schen Röhren. Da das erhitzte Gas in denselben den Glaswandungen eine bedeutende Oberfläche darbietet, so lässt sich mit Sicherheit annehmen, dass die Temperatur des Gases in einer solchen Röhre nie so hoch steigen wird, als in dem massigen elektrischen Funken. Nicht weniger Aufmerksamkeit verdient ferner der Umstand, dass in den Geissler'schen Röhren die Gase bis auf ein Minimum verdünnt sind, während meine Versuche unter dem gewöhnlichen Drucke der Atmosphäre ausgeführt wurden, und erwägt man endlich noch die Thatsache, dass in den Geissler'schen Röhren die Erscheinungen der positiven und negativen Elektricität theilweise von einander gesondert werden, dann hat man die Momente beisammen, welche bei der Erklärung der eigenthümlichen Verschiedenheiten der Spectra eines und desselben Elementes zu berücksichtigen sind.

Eine Aenderung des Spectrums mit dem Wechsel der Temperatur kann nach Bunsen's und Kirchhoff's [6] Angaben innerhalb weiter Grenzen nicht angenommen werden, denn ob man z. B. Kochsalz in einer Weingeistflamme oder im Knallgasgebläse verflüchtigt, ändert an der ganzen Erscheinung nur die Intensität der in dem Spectrum erscheinenden Linie entsprechend Frauenhofer D. Es kann indessen nicht geleugnet werden, dass die Erhöhung der Temperatur insofern vielfach eine Aenderung

[1] Poggend. Annal. CXVI. 499 u. CXXI. 458.
[2] Ebenda CXXII. 497.
[3] Ebenda CVII. 530—539.
[4] Ebenda CVII. 519.
[5] Müller-Pouillet, Lehrb. d. Phys. 6. Aufl. Bd. II. Taf. II.
[6] Poggend. Annal. CX. 164.

des Spectrums veranlasst, als bei der höheren Temperatur viele Linien erscheinen, die bei der niedrigeren nicht gesehen werden, denn lässt man z. B. den elektrischen Funken zwischen Natrium- oder Thalliumspitzen überschlagen, so erscheinen in beiden Spectris zahlreiche Linien [von den Luftlinien abgesehen], während sich die betreffenden Flammenspectra auf je eine Linie beschränken. Man darf jedoch dieser Aenderung keine grosse Bedeutung beilegen, da sie ja den Charakter des Spectrums nicht specifisch anders gestaltet, sondern das ursprüngliche Bild nur vervollständigt, und man ist jedenfalls zu der Annahme berechtigt, dass auch jene Wellenlängen, welche erst im elektrischen Lichte sichtbar werden, schon in den Strahlen der in der Weingeistlampe glühenden Gastheilchen enthalten sind, nur sind die Amplituden der Wellen so klein, dass sie noch nicht von unserer Netzhaut als Licht empfunden werden können.

Das Spectrum einer Wasserstoffflamme ist ungemein lichtschwach und zeigt keine besondern als Linien hervortretenden Lichtmaxima, ein Umstand, der es specifisch von dem oben beschriebenen elektrischen Spectrum des Wasserstoffgases unterscheidet. Den Grund dieser Erscheinung würde man auf die Temperaturdifferenz in beiden Fällen schieben können; ist es denn nicht aber noch viel wahrscheinlicher, dass eine Wasserstoffflamme nicht das Spectrum des Wasserstoffgases, sondern das des Wasserdampfes giebt? In analoger Weise würden auch Verschiedenheiten, die man möglicher Weise in den Flammen- und Funkenspectris von Jod, Chlor, Brom, Schwefel u. s. w. entdecken möchte, diese Frage ebenfalls offen lassen.

Eine jede Lichtquelle absorbirt nach Kirchhoff Lichtstrahlen derselben Wellenlänge, welche sie selbst aussendet, und es gründen sich darauf die künstlich hervorgebrachten Schwärzungen gewisser Linien im Sonnenspectrum, oder die Erzeugung derselben in den Spectris von Quellen weissen Lichtes. Kennt man daher das Absorptionsvermögen eines Gases, so kann man daraus auch einen Schluss auf sein Emissionsvermögen thun. Dieser Satz ist innerhalb sehr weiter Grenzen richtig. Kirchhoff selbst hat gezeigt, dass Natriumdampf, der durch Erhitzen einer kleinen Menge Natriumamalgam in einem Reagensglase entsteht und anscheinend noch kein eigenes Licht aussendet, doch schon die Strahlen von der Wellenlänge D absorbirt, und schaltet man eine Kochsalzflamme in den Gang der Sonnenstrahlen ein, dann wird die Linie D in ganz eminenter Weise geschwärzt. An andern Orten [1] habe ich ferner schon angegeben, wie man mit einer Natriumflamme von grosser Intensität die

---

[1] Zeitschrift d. gesammt. Naturwiss. XXIII. 226.

Linie D eines objectiv dargestellten Spectrums bedeutend schwärzen und verbreitern kann, und später ist es mir auch noch gelungen, durch Abbrennen eines Gemisches von salpetersaurem Strontian, Rohrzucker und chlorsaurem Kali in dem Sonnenspectrum Absorptionsbänder hervorzurufen, die mit den Linien des bekannten Strontiumspectrums auf das Genaueste zusammenfallen.

Die vergasten Bestandtheile der Sonnenatmosphäre befinden sich in einer Temperatur, die unsere Vorstellung bei weitem übersteigt, Emissions- und Absorptionsvermögen derselben müssen aber darum einen hohen Grad von Vollkommenheit besitzen. Und vergleicht man nun das Spectrum des Natriums, Eisens u. s. w. mit dem Sonnenspectrum, dann findet man alle Linien in denselben wieder, die wir künstlich in unsern Lichtquellen hervorrufen.

Es ist immerhin möglich und sogar wahrscheinlich, dass im Sonnenspectrum noch viele Natriumlinien, Eisenlinien u. s. w. existiren, die wir nicht als solche erkennen können, und ein grosser Theil jener zahlreichen Linien würde für uns ganz bestimmt unsichtbar werden, wenn die Temperatur der Sonne einige Tausend Grade niedriger wäre. Die Dämpfe der übrigen Elemente verhalten sich dem vergasten Natrium ganz analog, und man muss darum aus dem Gesagten die Consequenz ziehen, dass eine Temperaturerhöhung der Gase von dem Punkte an, wo dieselben bereits eigenes Licht aussenden, nur noch eine Vergrösserung der Elongationen der einzelnen Strahlengattungen, nie aber eine Modification des Spectrums in der Weise bedingen kann, dass gewisse Strahlengattungen verschwinden, andere dagegen zum Vorschein kämen.

Wesentlich anders gestaltet sich dieses Verhältniss, wenn wir zu dem andern Temperaturextreme übergehen. Schreiten wir von dem Punkte aus, wo ein Gas anfängt, selbstleuchtend zu werden, rückwärts, dann kommen wir in den meisten Fällen bald an eine Grenze, wo die Gase ihren Aggregatzustand gegen den flüssigen oder festen vertauschen, und nur wenige bewahren noch ihre Gasnatur. Sind nun diese Gase absorptionsfähig? Gefärbte Gase vermögen unwiderruflich das Licht zu absorbiren und zwar können viele derselben Linien hervorbringen wie z. B. salpetrige Säure, Bromdampf und andere; was dagegen die farblosen Gase anlangt, so haben die Versuche im Kleinen ein auswählendes Absorptionsvermögen stets nur negirt. Im vorigen Abschnitte ist aber bereits hinlänglich nachgewiesen, dass auch farblose Gase einen linienerzeugenden Einfluss auf das Spectrum ausüben können, wenn man sie nur in hinlänglich langen Schichten anwendet, und es wurde damals auch schon erwähnt, dass diese terrestrischen Absorptionslinien des Sonnenspectrums nicht mit

Linien bekannter Spectra zusammenfallen, trotzdem dass diese Absorption durch Substanzen vermittelt wird, deren Spectra schon oft und genau studirt worden sind. Wenn wir nun fanden, dass besonders der Wasserdampf jene Linien hervorbrachte und andererseits eine Wasserstoffflamme ohne nachweisliches Absorptionsvermögen für dieselben Lichtqualitäten erkennen, dann haben wir hierin wenigstens ein Beispiel gefunden, wo ein Gas bei einer sehr niedrigen Temperatur und dann wieder bei einer andern, wo es selbst schon ein Emissionsvermögen besitzt, ein specifisch verschiedenes Absorptionsvermögen zeigt.

Die Resultate, zu denen wir hinsichtlich des Einflusses der Temperatur auf das Spectrum gelangt sind, können nun keineswegs zu einer Erklärung der Verschiedenheiten dienen, wie wir sie an den Spectris desselben Gases in einer Geissler'schen Röhre oder unter gewöhnlichem Luftdruck beobachten. Ziehen wir darum das zweite Moment, die Verdünnung, in Betracht.

Der Einfluss der Verdünnung auf das Luftspectrum ist bereits von v. d. Willigen näher studirt und seine Resultate in der schon mehrfach erwähnten Abhandlung niedergelegt. Ich habe die Versuche wiederholt, indem ich mir zu diesem Zwecke zunächst einen besondern Apparat anfertigen liess. Derselbe besteht aus einem hohlen Messingcylinder von etwa 1½" Länge und 1" innern Durchmesser, welcher auf beiden Seiten durch ein Paar Plangläser, die mittelst zweier Ueberfangringe festgehalten werden, luftdicht verschlossen ist. Der Mantel des Cylinders hat vier Oeffnungen, die sämmtlich gleiche Abstände von einander und von den Grundflächen des Cylinders haben. Zwei derselben laufen in Röhren aus und sind durch Hähne verschliessbar, während die beiden andern, welche natürlich wie jene diametral gegenüberstehen müssen, ein Paar eingekittete einzöllige Glasröhren von einer Linie Durchmesser tragen, welche an ihren Enden mit Stopfbüchsen versehen sind. Durch diese Stopfbüchsen gehen zwei Metalldrähte, die im Innern in Platinakügelchen enden und deren Abstand beliebig geändert werden kann. Die Platinakügelchen endlich sind klein genug, dass sie selbst in die Ansatzröhren hineingezogen werden können, so dass sie aus dem Hohlraume des Cylinders verschwinden. Aussen ist jeder Draht mit einer Klemmschraube versehen. Für den Fall, dass der Apparat evacuirt werden soll, ist noch ein kleiner Teller erforderlich, welcher, nachdem sein Rand angefettet, auf den Teller der Luftpumpe aufgesetzt wird, und in ein ausgeschliffenes centrales Loch dieses Tellers wird dieser Apparat mit der einen mit Hahn versehenen und sauber eingepassten Röhre eingesetzt, nachdem auch sie mit etwas Fett angerieben ist.

Der Apparat wurde mit der neuen verfeinerten Hempel'schen Luftpumpe bis auf $1\frac{1}{2}$ — 2 Millimeter ausgepumpt, nach dem Pumpen der Hahn geschlossen und der Apparat von der Pumpe genommen. Bei der vollkommensten Verdünnung konnten die Pole so weit von einander entfernt werden, als es überhaupt der Apparat nur zuliess, und es fand doch ein Uebergang der Elektricität statt. Um die negative Electrode lagerte das bekannte blaue Büschellicht, an dem man schon mit unbewaffnetem Auge, besser aber noch mit der Lupe, deutlich vier Hüllen erkannte, die von innen nach aussen den Pol in folgender Reihenfolge umgaben. Unmittelbar um den Pol lagerte ein sehr feiner, hellblauer Saum, dann folgte ein schwarzer etwas breiterer, diesem wieder ein hellerer noch breiterer und von diesem dritten aus verlief nun die vierte Hülle allmählig nach aussen, ohne sich indessen von der dritten so scharf abzuheben wie die übrigen. Waren beide Platinakugeln bis auf ein Minimum genähert, dann beschränkte sich die ganze Lichterscheinung auf dieses blaue Licht um den negativen Pol, und erst bei grösserer Entfernung der beiden Pole machte sich in dem Zwischenraume das röthliche Licht des positiven Poles geltend, welches sich in Form eines Kegels, dessen Basis auf der positiven Electrode lagerte, nach dem negativen Pole hinzog, ohne mit seiner Spitze die negative Electrode zu erreichen. Dieser ganz homogen und zitternd erscheinende Kegel wurde aber vernichtet, wenn man die Leidener Flasche zur Verstärkung einschaltete, denn alsdann fand der Uebergang der Elektricität vom positiven zum negativen Pole von mehreren durchaus nicht festliegenden Punkten der positiven Platinakugel statt und jeder einzelne Strahl beschrieb einen ganz inconstanten Zickzackweg. Auf die Lichthülle des negativen Pols übte dagegen der Condensator nicht den geringsten Einfluss aus.

Weder das bläuliche Licht des negativen, noch das röthliche des positiven Pols sind homogen gefärbt, was ein vorläufiger Versuch mit gefärbten Gläsern hinlänglich auswies; die Verschiedenheit beider spricht sich aber noch viel deutlicher in den beiden Spectris aus, welche wieder mit dem Luftspectrum, wie wir dasselbe früher kennen gelernt haben, man könnte sagen, Nichts gemein haben. Beide Spectra sind nur äusserst lichtschwach und die Streifen meist breit und nach einer Seite verschwommen. Ehe ich jedoch die nähern Angaben über diese Spectra mache, muss ich noch erwähnen, dass Umstände existiren müssen, unter denen dieselben heller erscheinen, und aus van der Willigen's Angaben und schwarzen Darstellungen muss ich annehmen, dass ich die Spectra der verdünnten Luft nie so intensiv gesehen habe, wie jener Physiker.

1. Spectrum der negativen Lichthülle.

Die Electroden wurden auf ein Minimum genähert, so dass nur das negative Licht erschien, der Spalt des Spectralapparates unmittelbar vor einer Planscheibe des Funkenapparates aufgestellt. Die betreffenden Theilstriche der Scala, über welche sich die Linien ausbreiten, sind jedesmal angegeben, und die Stellung der Scala gerade wie früher gewählt. Die in Klammern dabei stehenden Zahlen endlich sollen vergleichsweise den Grad der Helligkeit (nach Schätzung) ausdrücken, wobei 4 den höchsten Grad bezeichnet, und die ohne eine solche beistehende Zahl sind so schwach, dass sienur mit grösster Anstrengung gesehen werden konnten.

79. ein ganz matter rother Streifen, mitunter unsichtbar und entschieden vom Wasserdampf herrührend;

103. äusserst matter grünlicher Streifen;

115—119. ein homogen grünes Feld. Der Anfang desselben wird durch eine hellere Linie gebildet [2]. Das Feld [1—2];

124—125. eine grüne Linie [1]. Ob mit δ, identisch?;

129—130. verwaschener Streifen [1];

131—132. ziemlich scharfer Streifen [1—2]. Wahrscheinlich vom Wasserdampf herrührend;

134—135. ein verwaschener Streifen [1];

140—141,5. blau [2—3];

143—144. desgleichen; kaum [1];

148—149,5. nach den Seiten hin verwaschen [2];

154—155,5. ganz matter Streifen;

160. nur mit Mühe sichtbar;

165,2. über zwei Theilstriche sich ausbreitend und beiderseitig verlaufend; wahrscheinlich dem Wasserdampf angehörig;

170—172. an der weniger brechbaren Seite ganz scharf, nach der andern Seite allmählig verlaufend [4];

176. matter Streifen [1];

180. desgleichen [0,5].

2. Spectrum des positiven Lichtkegels.

Die negative Electrode wurde in die gläserne Ansatzröhre zurückgezogen, so dass von ihr unmöglich Licht nach dem Spalt des Apparates gelangen konnte. Die positive Electrode dagegen wurde etwa ½ Zoll in den Cylinderraum hinein-

geschoben, und der Apparat so in einen Retortenhalter eingespannt, dass der Licht-
kegel vertical mit der Basis nach unten stand. Ob mit oder ohne Condensator übt
keinen wesentlichen Einfluss auf das Spectrum aus, um jedoch die Erscheinung
constant zu machen, wurde derselbe bei Aufnahme dieser Notizen, die ich, um selbst
bei den Beobachtungen im finstern Zimmer nicht gestört zu werden, einem Freunde
dictirte, weggelassen.

79 — 85. ein mattes rothes Feld, nach den Seiten allmählig verlaufend;
85 — 90. ein schwarzes Intervall;
90 — 95. matt orangefarben, auf der weniger brechbaren Seite allmählig
          zum Schwarz übergehend. In dem Raome von 79 — 95 sah ich
          einige Male feine schwarze Streifen, wie sie auch[van der Willigen
          beobachtet hat;
95 — 100. gelblich, aber nur matt;
100 — 105. schwarzes Intervall;
105 — 110. grünliches Feld, nach beiden Seiten verlaufend;
110 — 117. schwarzes Intervall;
117 — 122. grünliches Feld;
122 — 125. schwarzes Intervall;
125 — 127. mattes bläuliches Band;
133 — 135. desgleichen;
139 — 141. desgleichen;
144 — 146. blauer Streifen;
150 — 152. ⎫
154 — 156. ⎪ Aehnliche Streifen, deren Farbe der Lage entsprechend wech-
161 — 163. ⎬ selte, hinsichtlich ihrer Intensität aber fast alle gleich matt
167 — 169. ⎪ erschienen.
180 — 183. ⎭

So unvollkommen auch die Resultate dieser beiden Versuchsreihen sein mögen,
so zeigen sie doch einen Einfluss der Verdünnung ganz auffällig, und sie lehren
ferner, dass die Verdünnung der Luft wiederum nicht allein diese Modification hervorrufen kann, weil in diesem Falle die Spectra beider Polenden sich identisch verhalten müssten.

An mehreren Geissler'schen Röhren endlich habe ich mich von der Verschiedenheit des Spectrums am negativen und positiven Pole noch verschiedentlich überzeugt

und habe ganz nach Angabe Dove's [*] in dem Spectrum des einen Pols Linien gesehen, die ich in dem des andern nur äusserst matt oder gar nicht wiederfand. Ich
nehme jedoch Abstand, die zahlreichen Beobachtungen mitzutheilen, da dieselben
streng genommen nicht hierher gehören, und ich andrerseits mehrfach in Verlegenheit
gerathen würde, wenn ich den wahren Inhalt der Röhren angeben sollte. — Der
mittlere Theil der schon früher erwähnten Wasserstoffröhre war capillarisch und
zeigte abweichend von dem Spectrum durch den Funken und bei normalem Druck
die Linien entsprechend F und auf Theilstrich 165 als ganz scharfe Streifen; die
Enden der Röhren waren innen leider schon so sehr mit Platina beschlagen, dass es
nicht gut möglich war, die Spectra der Pole zu vergleichen.

Fragt man nun bei der thatsächlichen Verschiedenheit des Spectrums eines
Elementes unter verschiedenen Umständen, wie sich dieselbe erklärt, wenn sie ein einfacher Temperaturunterschied unerschlossen lässt, dann könnten wir auf Grund der vorliegenden Versuche die Erklärung in einer verschiedenen Dichtigkeit der Materie suchen.
Allein auch diese erklärt uns die Erscheinung noch nicht vollkommen, denn sie giebt
noch keinen Aufschluss darüber, warum die Spectra beider Pole in einer Geissler'-
schen Röhre verschieden sind. Bekanntlich ist die Temperatur der negativen Electrode immer um ein Beträchtliches höher als die der positiven, nothgedrungen muss
demgemäss das um sie lagernde Gas schon noch verdünnter sein als an anderen
Theilen der Röhre. Setzt man nun die Dichtigkeit der atmosphärischen Luft bei
dem angenommenen Normalbarometerstand 1, dann beträgt dieselbe bei einer Verdünnung von 2ᵐᵐ Quecksilberdruck nur noch 0,0028, und ginge mit jeder Veränderung der Dichtigkeit eines Gases um diese Grösse auch eine Aenderung des Spectrums
vor sich, dann würden wir auch berechtigt sein, die blosse Dichtigkeitsdifferenz an
beiden Polen einer Geissler'schen Röhre als Ursache der Verschiedenheit in den Spectris
anzusehen. Thatsächlich findet dies indessen nicht statt, denn öffnet man ganz allmählig den Hahn des Gasapparates, dann beobachtet man beim Wiedereinströmen der
Luft nicht einen fortwährenden Wechsel des Spectrums, sondern es erfolgt der Um-
schlag in das gewöhnliche Luftspectrum ziemlich plötzlich, wenn der Apparat bald
wieder mit Luft der gewöhnlichen Dichtigkeit gefüllt ist.

Wenn nun eine einfache Dichtigkeitsänderung des Gases die Verschiedenheit
des Spectrums ebensowenig zu erklären vermag, wie eine blosse Temperaturdifferenz,
wenn uns ferner die Thatsachen auch bei der Annahme im Stiche lassen, es möchte

---

[*] Poggend. Annal. CIV. 164.

das Zusammenwirken beider die Verschiedenheiten bedingen, dann sieht man sich endlich genöthigt, Temperatur und Verdünnung im Verein mit den qualitativen Verschiedenheiten des negativen und positiven Pols als modificirende Factoren zu betrachten.

Kurz zusammengefasst sind also die Hauptergebnisse der vorliegenden Abhandlung folgende:

1) Die Flüchtigkeit des Platinas ist abhängig von der Stromstärke, der Form der Electroden und dem Leitungsvermögen der zwischen den Polen lagernden Gasschicht.

2) Das Spectrum der atmosphärischen Luft, wie man es erhält, wenn man den elektrischen Funken zwischen Graphitspitzen oder hinlänglich abgebrannten Platinaspitzen überspringen lässt, muss als eine Uebereinanderlagerung des Sauerstoff-, Wasserstoff- und Stickstoffspectrums angesehen werden.

3) Die atmosphärische Kohlensäure übt keinen merklichen Einfluss auf das Spectrum aus.

4) Die gegenseitige Lage der Linien bleibt unverändert dieselbe.

5) Die Linienzahl schwankt mit der Intensität des Lichtes.

6) Das Intensitätsverhältniss der Sauerstoff- und Stickstofflinien bleibt, so weit Schätzung dies erkennen lässt, immer constant, während die Intensität der Wasserstofflinien mit dem atmosphärischen Feuchtigkeitsgehalte variirt.

7) Der Wasserdampf erleidet beim Hindurchschlagen des Funkens eine Zersetzung in seine Bestandtheile.

8) Die Sauerstofflinien nehmen im Spectrum des Wasserdampfes hinsichtlich ihrer Intensität nur eine untergeordnete Stellung ein.

9) Das Spectrum der Kohlensäure ist im Wesentlichen mit dem des Sauerstoffs identisch.

10) Der Einfluss der Erdatmosphäre auf das Sonnenspectrum ist ein doppelter: einmal ein die Intensität allgemein schwächender, welcher vor allem die brechbareren Strahlengattungen trifft; dann ein linienerzeugender; ersterer wird durch die Nebelbläschen, letzterer durch die rein gasigen Bestandtheile der Atmosphäre hervorgerufen.

11) Das linienerzeugende Vermögen der Atmosphäre ist hauptsächlich durch den Gehalt an Wasserdampf bedingt; die Wirkung der andern Gase ist noch fraglich.

12) Von den Linien des Sonnenspectrums coincidiren nur C, F und eine Linie in der Nähe von G mit den Wasserstofflinien des Luftspectrums, alle übrigen Linien des letztern finden weder unter den der Sonne angehörigen noch unter den terrestrischen Linien des Sonnenspectrums coincidirende.

13) Das elektrische Spectrum eines Elementes kann, unter verschiedenen Umständen entstanden, einen specifisch verschiedenen Charakter zeigen.

14) Eine blosse Temperaturerhöhung kann diese Verschiedenheit nicht bedingen.

15) Es gewinnt aber die Annahme sehr an Wahrscheinlichkeit, dass derjenige Punkt, wo ein Gas anfängt selbstleuchtend zu werden, für den Wechsel seines Absorptionsvermögens von Bedeutung ist.

16) Eine blosse Dichtigkeitsänderung eines Gases kann ebenfalls keine specifische Modification des Spectrums veranlassen.

17) Man muss darum annehmen, dass die qualitative Verschiedenheit der Pole im Verein mit jenen andern Umständen die Veränderungen in dem Aussehen des Spectrums bedingt.

Halle, im August 1865.

Druckfehler.

S. 4. Z. 1 v. unten lies man „zwei" statt „drei".
„ 8. „ 5 „ „ „ „ lies" „ „st".
„ 14. „ 6 „ „ ergänze man „Pole" zwischen „einem zum".
„ 31. „ 14 „ oben lies man „Brechungs-Darstellung" statt „reinere Darstellung".

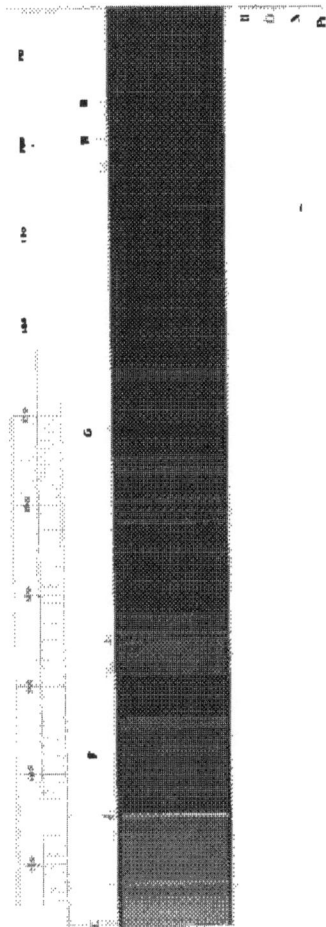

Das Luftspectrum
nach F. Branch.

www.ingramcontent.com/pod-product-compliance
Lightning Source LLC
Chambersburg PA
CBHW022030190326
41519CB00010B/1655